软件加工中心系列丛书

软件制造工程

主　编　舒红平　　刘　魁

副主编　魏培阳　　曹　亮　　乔少杰

参　编　何　圆　　杨铁军　　陈　然

　　　　赵玉明　　舒钟慧　　程可欣

西南交通大学出版社

·成都·

图书在版编目（CIP）数据

软件制造工程 / 舒红平，刘魁主编. —成都：西
南交通大学出版社，2020.11
ISBN 978-7-5643-7784-7

Ⅰ. ①软… Ⅱ. ①舒… ②刘… Ⅲ. ①软件工程
Ⅳ. ①TP311.5

中国版本图书馆 CIP 数据核字（2020）第 210225 号

Ruanjian Zhizao Gongcheng
软件制造工程

主　编／舒红平　刘　魁

责任编辑／李华宇
封面设计／曹天擎

西南交通大学出版社出版发行

（四川省成都市金牛区二环路北一段 111 号西南交通大学创新大厦 21 楼　610031）
发行部电话：028-87600564　　028-87600533
网址：http://www.xnjdcbs.com
印刷：成都蓉军广告印务有限责任公司

成品尺寸　185 mm×260 mm
印张　14　字数　350 千
版次　2020 年 11 月第 1 版　　印次　2020 年 11 月第 1 次

书号　ISBN 978-7-5643-7784-7
定价　44.00 元

总　序

　　软件是人类在对客观世界认识所形成的知识和经验基础上，通过思维创造和工程化活动产出的兼具艺术性、科学性的工程制品。软件是面向未来的，软件使用场景设计虽先于软件实现，却源于人们的创新思想和设计蓝图；软件是面向现实的，软件虽然充满创造和想象，但软件需求和功能常常在现实约束中取舍和定型。

　　软件开发过程在未来和现实之间权衡，引发供需双方的博弈，导致软件开发出现交付进度难以估计、需求把控能力不足、软件质量缺乏保障、软件可维护性差、文档代码不一致、及时响应业务需求变化难等问题。为更好地解决问题，实现个性定制、柔性开发、快速部署、敏捷上线，人们从软件复用、设计模式、敏捷开发、体系架构、DevOps 等方面进行了大量卓有成效的探索，并将这些技术通过软件定义赋能于行业信息化。今天，工业界普遍采用标准化工艺、模块化生产、自动化检测、协同化制造等加工制造模式，正在打造数字化车间、"黑灯工厂"等工业 4.0 的先进制造方式，其自动化加工流水线、智能制造模式为软件自动化加工提供了可借鉴的行业工程实践参考。

　　软件自动生成与智能服务四川省重点实验室长期从事软件自动生成、智能软件开发等研究，实验室研发的"核格 Hearken™"软件开发平台与工具已在大型国有企业信息化、军工制造、气象保障、医疗健康、化工生产等领域上百个软件开发项目中应用，实验室总结了制造、气象等行业的软件开发实践经验，形成了软件需求、设计、制造及测试运维一体化方法论，借鉴制造业数字化加工能力和要求，以"核格 Hearken™"软件开发平台与工具为载体，提出了核格软件加工中心（Hearken™ Software Processing Center, HKSPC）的概念和体系框架（以下简称"加工中心"）。加工中心将成熟的软件开发技术和开发过程提炼成为软件生产工艺，并配置软件生成的工艺路径，通过软件加工标准化支撑平台生成自动化工艺；以软件开发的智能工厂为载体，将软件生产自动化工艺与软件流水线加工相融合，建立软件加工可视化、自动化生产流水线；以能力成熟度为准则，需求设计制造一体化方法论为指导，提供设计可视化、编码自动化、加工装配化、检测智能化的软件加工流水线支撑体系。

　　加工中心系列丛书立足于为建设和运营软件加工中心提供专业基础知识和理论方法，阐述了软件加工中心建设中软件生成过程标准化、制造过程自动化、测试运维智能化和共享服务生态化的相关问题，贯穿软件工程全生命周期组织编写知识体系、实验项目、参考依据及实施路径等相关内容，形成《软件项目管理》《软件需求工程》《软件设计工程》《软件制造工程》《软件测试工程》《软件实训工程》等6本书。

系列丛书阐述了需求设计制造一体化的软件中心方法论，总体遵从"正向可推导、反向可追溯"的原则，提出通过业务元素转移跟踪矩阵实现软件工程过程各环节的前后关联和有序推导。从需求工程的角度，构建了可视化建模及所见即所得人机交互体验环境，实现了业务需求理解和表达的统一性，解决了需求变更频繁的问题；从设计工程的角度，集成了国际国内软件工程标准及基于服务的软件设计框架，实现了软件架构标准及设计方法的规范性，解决了过程一致性不够的问题；从制造工程的角度，采用了分布式微服务编排及构件服务装配的方法，实现了开发模式及构件复用的灵活性，解决了复用性程度不高的问题；从测试工程的角度，搭建了自动化脚本执行引擎及基于规则的软件运行环境，实现了缺陷发现及质量保障的可靠性，解决了质量难以保障的问题；从工程管理的角度，设计了软件加工过程看板及资源全景管控模式，实现了过程管控及资源配置的高效性，解决了项目管控能力不足的问题。

本系列丛书由软件自动生成与智能服务四川省重点实验室的依托单位成都信息工程大学编写，主要作为软件加工中心人员专业技术培训的教材使用，也可用于高校计算机和软件工程类专业本科生或研究生学习参考、软件公司管理人员或工程师技术参考，以及企业信息化工程管理人员业务参考。

舒红平

2020年9月

前　言

在我国政府高度重视和大力扶持下，软件行业相关产业促进政策不断细化，资金扶持力度不断加大，知识产权保护措施逐步加强，软件行业在国民经济中的战略地位不断提升，行业规模也将不断扩大。软件制造作为软件项目中的一个重要环节，既是对设计工程的有效体现，也是系统能否按时上线运行的有效保障。因此，为了能够把软件做好，就必须重视软件制造过程。本书编写人员在研究和总结大量信息化系统建设经验的基础上，提出了一套通用性强的软件制造工程方法，并通过案例进行阐述。

本书共分 8 章，第 1 章为软件制造工程概述，讲解什么是软件制造，提出软件加工中心概念；第 2 章主要介绍软件制造方法演变，并通过与制造业发展历程进行对比，得出软件业与制造业发展历程的相似性，应借鉴制造业，推导出"软件加工中心"；第 3 章主要介绍 SOA 的开发环境、方法、核心技术以及 SOA 在核格方法论中的应用，形成了用于 SOA 系统开发的软件开发工具；第 4 章主要讲解可用于开发 SOA 应用的开发平台如何实现代码自动生成；第 5 章主要讲述微服务概述及实施基本原则，以及核格分布式应用服务；第 6 章主要讲述传统的 DevOps 开发运维全过程管理是如何进行的，有何优缺点，引出核格 DevOps 方法论总体过程；第 7 章主要通过"工资管理系统"的一个模块作为案例，与"软件设计工程"相结合，讲解如何通过核格集成开发平台进行软件制造；第 8 章主要对软件制造进行了展望，推测未来软件制造的发展趋势，强调智能化。

本书由成都信息工程大学舒红平教授、刘魁担任主编，曹亮、魏培阳、乔少杰担任副主编。具体编写分工如下：舒红平编写第 1、8 章，刘魁编写第 2、6 章，曹亮编写第 7 章，魏培阳编写第 3、4 章，乔少杰编写第 5 章。全书由舒红平、刘魁确定编写大纲和整体结构，魏培阳负责全书的统稿工作，研究生程可欣、舒钟慧同学负责资料收集、图形绘制等工作。同时，本书得到了成都淞幸科技有限责任公司何圆、杨铁军、陈然等的帮助，在此表示衷心感谢。

本书通过理论知识与案例相结合实现软件制造工程方法的贯穿，讲解通俗易懂，既适合作为高等院校软件工程类和计算机类专业学生的教材，又适合作为软件工作者和软件爱好者的参考或自学用书。

由于编者水平有限，书中难免有疏漏和不足之处，诚请有关专家和读者批评指正，并希望将意见、建议和体会反馈给我们，以便再版时修订。编者邮箱：shp@cuit.edu.cn。

编　者

2020 年 9 月

目　录

第 1 章　软件制造工程概述

软件制造作为软件生命周期的重要环节，承担着软件从无到有的关键步骤，通过集成整合恰当和成熟的软件技术实现软件开发过程的协同和标准化。本章从软件制造的概念阐述软件加工流水线的开发模式，为提高软件开发效率及复用软件资产提供了一条可执行的路径。

1.1　软件制造工程背景

1.1.1　软件行业发展趋势

1. 软件行业概述

近年来，在人工智能、云计算和大数据等信息技术大潮下，我国 IT（信息技术）行业发展势头迅猛，软件市场中信息技术服务收入占比最高。我国软件业在经历了近 20 年高速增长之后，仍保持了迅猛的增长势头。软件业云化、平台化、服务化发展趋势凸显。软件产品和服务相互渗透，向着云计算方向发展，向着一体化软件平台的新体系演变，产业模式则从传统的"以产品为中心"向"以服务为中心"转变（源于《经济日报》），可见我国信息化进程仍具有较大的市场空间。

2. 软件行业发展趋势

（1）我国软件行业处于高速发展成长期。

当前，全球软件行业正处于成长期向成熟期转变的阶段，而我国的软件行业正处于高速发展的成长期。随着我国软件行业的逐渐成熟，软件及 IT 服务收入将持续提高，发展空间广阔。我国企业用户的 IT 需求已从基于信息系统的基础构建应用转变成基于自身业务发展构建应用，伴随着这种改变，连接应用软件和底层操作软件之间的软件基础平台产品快速发展起来。

（2）受益于经济转型、产业升级，我国软件行业呈现加速发展态势。

我国正处于经济转型和产业升级阶段，由廉价劳动力为主的生产加工模式，向提供具有自主知识产权、高附加值的生产和服务模式转变，其中信息技术产业是经济转型和产业升级的先导和支柱，是信息化和工业化"两化融合"的核心，软件产业是信息技术产业的核心组成部分。随着经济转型、产业升级进程的不断深入，传统产业的信息化需求将会不断被激发，市场规模逐年提升。同时伴随着人力资源成本的上涨，以及提高自主核心竞争力的双重压力，IT 应用软件和专业化服务的价值将更加凸显。

（3）软件基础平台的定义。

软件基础平台是用来构建与支撑企业尤其是大型企业各种 IT 应用的独立软件系统，包含可复用的软件开发框架和组件。它是开发、部署、运行和管理各种 IT 应用的基础，是各种应用系统得以实现与运营的支撑条件，以帮助客户达到应用软件低成本研发、安全可靠运行、快速响应业务变化、规避技术风险的目的。

软件基础平台介于底层的操作系统、数据库和前端的业务系统之间，是更为贴近前端业务应用的软件层级。它承载了所有的应用系统，是实现软件全生命周期核心资产的共享与复用、降低多系统多项目并行构建与管理复杂性的一套实践体系。

（4）SOA 架构下的软件基础平台。

SOA（面向服务的架构）是一种软件架构方法。在 SOA 架构下，应用软件被划分为具有不同功能的服务单元，并通过标准的软件接口把这些服务连接起来。企业业务需求变化时，不需要重新编写软件代码，而是把服务单元重新组合和编制，从而使企业应用系统获得"组件化封装、接口标准化、结构松耦合"的关键特性。这样，以 SOA 架构实现的应用系统可以更灵活、快速地响应企业业务变化，实现新旧软件资产的整合和复用，极大降低软件的整体拥有成本。

相对于传统软件架构，业界把 SOA 这种软件设计方式比喻成软件业的"活字印刷术"。众所周知，印刷行业在活字印刷术发明之前使用的是雕版印刷术。活字印刷术的发明改善了雕版印刷的不足，将每个字按标准的规格设计成单个活字，可随时拼版，大大地加快了印刷效率。活字版印完后，可以拆版，活字可重复使用，且活字比雕版占有的空间小，容易存储和保管。传统软件架构的应用软件就像是"雕版印刷"的雕版一样，软件由千百万行代码组成，按业务功能来划分，软件形态耦合度很高。当业务发生变化时，传统软件架构难以及时响应；同时，已开发的软件系统在需求变化后，往往需要推倒重来，从而造成软件复用率低，总体拥有成本高。

使用 SOA 的项目更易于维护，业务服务提供者和业务服务使用者的松散耦合关系及对开放标准的采用确保了该特性的实现。建立在以 SOA 基础上的信息系统，当需求发生变化的时候，不需要修改提供业务服务的接口，只需要调整业务服务流程或者修改操作即可，整个应用系统也更容易被维护。但是 SOA 中有许多服务构件既无法有效管理也无法达到最好的效果，因此需要一个基础平台有效地管理服务构件，本书所述的核格制造平台就是基于这样的背景下产生的。

（5）软件基础平台与云计算和大数据技术相融合。

云计算（Cloud Computing），是一种基于互联网的计算方式，通过这种方式，共享的软硬件资源和信息可以按需提供给计算机和其他设备。互联网上汇聚的计算资源、存储资源、数据资源和应用资源正随着互联网规模的扩大而不断增加，云计算技术使得企业能够方便、有效地共享和利用这些资源，并已成为新一代软件基础架构的底层计算架构。大型企业和政府用户逐步采用云计算技术构建云计算基础设施，或者采用公有云服务方式，或者是自建私有云更高效地利用资源，将传统的企业软件升级为云环境运行，以服务的方式提供给内部的员工、业务部门和外部的供应商与合作伙伴。但是，企业往往缺少相关的技术能力和知识储备，也缺乏软件的支持来形成计算、存储和网络资源的统一管理，这些用户需求使得软件基础平台必须形成云计算的支撑能力。

强大的云计算能力使得降低数据提取过程中的成本成为可能。随着行业应用系统的规模迅速扩大，行业应用所产生的数据呈爆炸性增长，已远远超出了现有传统的计算技术和信息系统的处理能力。大数据应用相比于传统的数据应用，具有数据体量巨大、数据类型繁多、查询分析复杂、处理速度快等特点，大数据技术提供了从各种各样类型的数据中快速获得有价值信息的能力，其核心是数据集成、数据管理、数据存储与数据分析。因此，寻求有效的大数据处理技术、方法和手段已经成为迫切需求。

软件基础平台作为构建和支持企业应用的独立软件系统，必须适应云计算和大数据技术的发展，新一代的软件基础平台将融合 SOA、云计算、大数据的功能与技术架构，为客户的业务提供新的技术价值，帮助客户的业务向数字化转型。

云计算和大数据的核心也是服务，计算、存储、数据、应用等都属于服务，SOA 可发挥其在系统界面和接口标准化等方面的优势，为云计算和大数据提供一个较好的技术平台。SOA 在应用层面进行资源整合，云计算在基础设施层面进行整合，大数据满足了企业对数据管理的要求，三者的融合可以使企业用户获得更大的价值。

1.1.2　软件基础平台行业发展概况

1. 稳步增长的 SOA 市场

经济全球化使得企业必须不断地创新业务，积极灵活地更新业务模式，企业的 IT 系统也需要更加快速、灵活地改变和部署。此外，企业在构建 IT 系统时也关注如何降低运营费用、如何避免重复投资等问题，SOA 架构可以有效解决企业这两方面的问题。随着 SOA 技术的不断发展，SOA 已经逐渐成为企业 IT 系统的主流架构。

由于政府对软件行业发展的大力支持以及国内厂商在研发方面的持续投入，目前国内 SOA 厂商的产品性能和国外产品性能基本相当。随着国内"去 IOE"的热潮及软件国产化的发展趋势，国产软件在 SOA 领域的市场份额逐步提高。

在客户需求不断提升和厂商的积极推动下，我国 SOA 市场仍将保持稳定的增长。一方面，随着用户对 SOA 认知程度的不断提升，越来越多的行业认识到 SOA 会给企业的 IT 系统带来诸多好处；另一方面，企业的业务需求是企业应用软件向 SOA 架构转变的核心驱动因素。此外，国外厂商 IBM、Oracle 以及国内厂商多年来的大量投资，不断推动 SOA 的技术、方法论、产品与解决方案趋于成熟，并形成了完整的 SOA 体系；同时这些厂商积极将 SOA 与云计算、大数据等技术融合，向市场推广解决方案或系统平台，使得采用 SOA 架构的产品应用越来越广泛。

2. 软件基础平台与传统软件开发平台对比

传统的软件开发平台如 Eclipse、Visual Studio、NET、Python 都是基于代码开发，软件质量高低和开发人员水平有关，软件后期维护对开发人员的依赖较大。而新式的基于构件的平台则可以通过在构件库拖拽构件进行组装开发，这种开发模式采用统一的构件库，软件质量不会受开发人员技术水平影响，软件维护对人员依赖小。基于构件开发的平台会更适用于软件流水线加工制造。

3. 潜力巨大的大数据市场为大数据采集与治理带来发展机遇

大数据的应用和技术是在互联网快速发展中诞生的，在传统技术无法应对搜索引擎需要处理的海量的、以非结构化数据为主的网络数据的情况下，谷歌提出了一套以分布式为特征的全新技术体系，奠定了当前大数据技术的基础。

这种创新的海量数据处理技术率先在互联网行业应用并取得了成功，金融、电信、电子政务、能源、医疗卫生等领域也开始积极尝试。行业应用中使用大数据的首要条件是能够高质量地采集数据，大数据的采集与治理成为实施大数据应用的第一步。

1.1.3　软件行业的问题

然而，在如此良好的发展趋势下，软件行业仍然存在一系列严重的问题。Standish Group 对有问题软件项目做过统计，如图 1-1 所示。

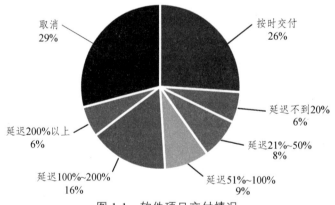

图 1-1　软件项目交付情况

这些有问题或失败的项目带来的直接损失占 2015 年全美 IT 投资额的近 40%，所有的项目中平均超期 189%，平均超预算 222%，80%的资源被开销在维护上。

于是通过进一步调研发现，当前软件行业存在以下问题：

（1）交付进度难以估计；

（2）需求把控能力不足；

（3）软件质量无保障；

（4）软件可维护性差；

（5）文档资料欠缺或质量差；

（6）软件成本占计算机系统比例上升；

（7）软件开发生产效率低，供不应求；

（8）软件集成能力欠缺，废旧立新现象严重等。

基于这些问题，本书提出了一种解决方案，试图在解决以上所有问题的同时，实现软件行业的大规模协同开发、过程标准化、模块化、异地分布式开发，可重用、可装配，强调集成整合优秀技术、业务资源、质控体系、开发效率、构件资产等，这就是软件制造工程。

1.2 软件制造工程的定义

要了解软件制造工程的含义，首先要明白什么是软件产品。如果将软件视作一般的商业产品，而一般的商业产品需要经过调查用途、设计产品样式、制作产品样本、产品检验、产品试用、批量化生产六大流程，那么软件制造工程描述的就是软件产品从无到有制造出来的整个过程。然而软件的完成往往不会按照一开始的蓝图设计那样实现，客户往往也不知道蓝图上的产品能否满足他们的最终需求，因此几乎每一个软件项目都是在找客户确认、测试和修改这个循环不断迭代之后才完成的。

1.2.1 软件产品概述

1. 软件产品的定义

软件产品，是指向用户提供的计算机软件、信息系统或设备中嵌入的软件，或在提供计算机信息系统集成、应用服务等技术服务时提供的计算机软件成品。

软件是一种逻辑产品，不是客观的实体，具有无形性。它是脑力劳动的结晶，以程序和文档的形式保存在作为计算机存储器的磁盘和光盘介质上，通过运作才能体现出它的功能和作用。

软件项目的生产过程主要是研制，其成本也主要体现在软件的开发和研制上。软件研制完成后，开发商仅需要较少的人力和物力，通过复制就可以产生大量的软件产品。但是到目前为止，软件生产主要是脑力劳动，还未完全摆脱手工开发方式，大部分产品是"定做的"。因此，软件的研制工作需要投入大量的、复杂的、高强度的脑力劳动，它的成本非常高。

2. 产品化项目和定制化项目开发过程的区别

产品化项目和定制化项目的开发过程有着本质上的区别。产品化项目是企业调动了自身的主观能动性去研发的一种能够适应大多数用户需求的产品，以此获取利益；而定制化项目的开发过程则是企业被动接受某一类甚至一个客户的需求进行软件开发的过程。

相对来说，定制化项目来得容易一些，因为需求收集来得容易，其主要来自特定客户，最终产品的功能只要满足特定客户就可以了。但是产品化项目就不一样，考虑的面要更广，它不是为了满足单一的客户，而是要满足一定量的客户群，其产品能适应的市场广度和深度在定制化项目出来的产品之上。

软件项目开发管理的过程与软件生命周期的对应关系如表 1-1 所示。

表 1-1　软件项目流程

软件生命周期	项目开发管理
问题的定义及规划	可行性分析、产品规划（往往做得不到位）、业务蓝图设计
需求分析	软件系统分析（为了满足一定的客户群，这块做起来很困难，与业务蓝图衔接）
软件设计	系统功能设计
软件开发	程序编码
软件测试	软件系统测试
系统部署	软件部署
运行维护	软件投入使用后所进行的运行维护

整个过程所有的问题，主要在于前期规划和需求分析，因为客户方和开发方都有可能不确定最终开发出来的软件是否能满足实际需求，所以最后开发出的软件往往不能适用于另一个项目，属于定制开发。

软件项目开发中这种定制不通用的问题甚至是整个软件行业的发展瓶颈，一个产品不能批量化生产，注定了它为企业带来的利润是很低的，因为受限于这个产品的高成本问题。

3. 软件产品存在的问题及解决方式

一个企业的最终目的就是为了盈利，面临软件开发高成本的问题，在不能使得产品价格过高的情况下，唯一的解决方式就是尽量减少产品成本。然而对软件产品而言，连产品的复用性都不高，就更不用提规模化的批量生产了。

（1）产品化定义。

软件产品化是指客户无须为软件添加或调整代码和语句，即能完成软件的安装配置、应用初始化、系统管理、用户使用的全过程，并且软件至少能满足 80% 以上的用户某一组应用需求。微软 Office 办公软件或杀毒软件就是产品化软件的典型代表，不过与这些通用型的软件产品相比，管理应用软件的产品化则难得多，但产品化是用户和供应商的最终的必然选择。

软件的项目化交付在技术不成熟或产品相对短缺的年代是高端客户的唯一选择，但是对于中小型企业，软件的产品化交付才是他们最能接受的选择。

（2）定制软件与软件产品化。

国内软件公司的利润率与规模成反比，其关键原因在于我国软件的产品化程度仍然较低。软件公司的业务大多数以项目型为主，产品型的公司相对较少，产品的成熟度不够。定制软件与软件产品化的区别在于：定制软件，也可以视为项目化研发，完全根据客户的需要进行开发，项目与项目间有技术的继承但没有产品的延续；软件产品化，则是将产品功能基本固化，满足一个较大应用群体的共性化需要，产品可以通过渠道代理的形式直接销售给客户，实现软件生产与销售服务的分离。

（3）定制软件与软件产品化的比较。

定制软件与软件产品化相比，有以下的不利因素：

① 对人的依赖性过大。由于人对业务的理解不同、过去的经验不同、IT 技术掌握的情况不同、做软件工程的方法不同，导致编制出来的软件，即使是同一个公司、同一套应用系统，仍存在很大的差异性，如软件的结构、编程的技巧和实际的实施性等方面都会存在差异。

② 定制软件是以项目为中心的，所以缺乏技术和经验的系统性积累。而且，这一方法使软件开发的周期比较长、应用软件开发过程中的编码量大，从而也造成对人的依赖。

③ 为客户定制软件是从客户具体的需求来生成的应用软件系统，必然带来软件的维护性差、可扩展性差、二次开发能力差等负面影响。

走向"软件产品化"，则可形成以系统集成商提供的全面应用系统的解决方案的产品，其优点在于：

减少实施过程中编程的工作量，缩短开发周期；同时成熟的软件产品可以通过代理商进行销售和安装，软件厂商可以把精力集中在软件产品研发这个核心领域。

以上因素，使得系统集成公司和客户对人的依赖变弱。而且，由于产品是构件化、参数化、规范化的，使得系统的扩展性、可维护性、二次开发的能力得到显著提高。

（4）软件产品化的条件。

软件产品化需要具备以下两个条件：

① 厂商在产品的研发上有长期的积累，包括管理理论的积累、产品技术的积累和客户的积累。特别地，大多数管理软件蕴涵着组织行为管理理论和管理方法，没有管理思想的软件只能就事论事，不能称其为管理软件。

② 管理软件产品的成熟与否很大程度上还得益于是否在数量众多的、优秀的、典型的客户中成功实施，原因在于优秀客户在企业组织行为管理上都有自身的独到之处，而且对先进的管理理念和管理手段乐于接受和尝试。

基于以上的条件，软件的定制产品向软件的产品化过渡。更进一步将软件产品投入规模化生产的过程就是软件加工流水线生产。软件加工流水线能够极大地提高软件的生产效率，但是要以降低软件的个性化作为代价。同时，由于目前软件项目各环节的工具过于零散化，完成各个环节的衔接也是一大问题，因此软件加工流水线效率也并不会太高。

要提高软件制造的效率并且保证软件的质量，不仅需要企业自身的技术知识、管理知识和文档规范的沉淀，更需要一体化工具的支撑。

1.2.2 软件生命周期的定义

软件生命周期又称为软件生存周期或软件系统开发生命周期，是软件从计划、需求、设计、开发、测试、运维到报废的周期，这种按时间分程的思想方法是软件工程中的一种思想原则，即按部就班、逐步推进，每个阶段都要有定义、工作、审查、形成文档以供交流或备查，以提高软件的质量。但随着新的面向对象和面向服务的设计方法和技术的成熟，软件生命周期设计方法的指导意义正在逐步减少。

传统软件开发模型中，软件的生命周期包含 7 个阶段，如图 1-2 所示。

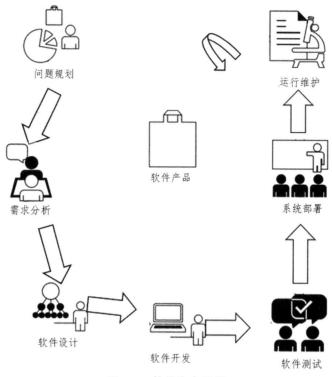

图 1-2　软件生命周期

（1）问题规划：此阶段是软件开发方与需求方共同讨论，主要确定软件的开发目标及其可行性。

（2）需求分析：在确定软件开发可行的情况下，对软件需要实现的各个功能进行详细分析。需求分析阶段是一个很重要的阶段，这一阶段做得好，将为整个软件开发项目的成功打下良好的基础。同样需求也是在整个软件开发过程中不断变化和深入的，因此我们必须制订需求变更计划来应付这种变化，以保护整个项目的顺利进行。

（3）软件设计：此阶段主要根据需求分析的结果，对整个软件系统进行设计，如系统框架设计、数据库设计等。软件设计一般分为总体设计和详细设计。好的软件设计将为软件程序编写打下良好的基础。

（4）软件开发：此阶段是将软件设计的结果转换成计算机可运行的程序代码。在程序编码中必须要制定统一、符合标准的编写规范，以保证程序的可读性、易维护性，提高程序的运行效率。

（5）软件测试：在软件设计完成后要经过严密的测试，以发现软件在整个设计过程中存在的问题并加以纠正。整个测试过程主要分单元测试、组装测试及系统测试三个阶段进行。测试的方法主要有白盒测试和黑盒测试两种。在测试过程中需要建立详细的测试计划并严格按照测试计划进行测试，以减少测试的随意性。

（6）系统部署：软件部署环节是指将软件项目本身，包括配置文件、用户手册、帮助文档等进行收集、打包、安装、配置、发布的过程。在信息产业高速发展的时代，软件部署工作越来越重要。

（7）运行维护：软件维护是软件生命周期中持续时间最长的阶段。在软件开发完成并投入使用后，由于多方面的原因，软件不能继续适应用户的要求，要延续软件的使用寿命，就必须对软件进行维护。软件的维护包括纠错性维护和改进性维护两个方面。

1.2.3 软件制造工程的定义

百度百科关于制造工程的定义是：制造工程，是指通过新产品、新技术（方法、工具、机器和设备等）、新工艺的研究和开发，并通过有效的管理，用最少的费用生产出高质量的产品来满足社会需求的活动。

1987 年美国制造工程师学会对制造工程的定义是：制造工程是工程专业的一个分支。它要求具有了解、应用和控制制造过程中各个工程程序和工业产品的生产方法所必需的教育和经验，还要求具有设计制造流程的能力，研究和开发新的工具、机器和设备的能力，研究和开发新的工艺过程的能力，并且将它们综合成为一个系统，以达到用最少的费用生产出高质量的产品。

通过对制造工程的认识，结合软件工程学科的特性，我们很容易得到：软件制造工程实施之前，软件还是一种看不见摸不着的东西。类比制造工程的定义要素，软件制造工程就是要把系统工程师按照用户的需求设计出来的系统构架（窗体显示和报表式样等）变为真正的可以运行的软件系统的工程，即把软件生存周期过程中的上流工程（需求分析、设计工程）所产生的结果作为制造工程的输入，而制造工程又是将上一阶段提出的方案进一步具体化，经过程序编码、测试和部署，变为真正可以运行的软件产品。

传统的软件开发是烟囱式开发，只需要程序设计和程序编制两个步骤。

（1）程序设计如图 1-3 所示。

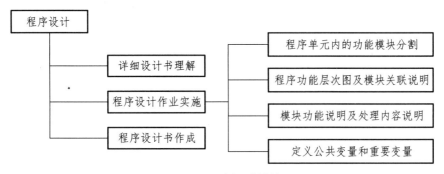

图 1-3 程序设计模块

（2）程序编制如图 1-4 所示。

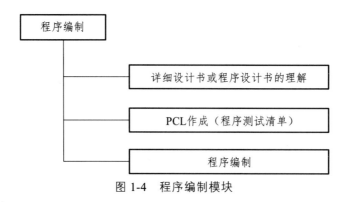

图 1-4　程序编制模块

　　而软件制造工程的目的是借助新工具、新方法完成软件产品的制造和软件开发过程中的技术沉淀，从而提升产品的可重用性，借鉴制造业的流水线加工模式进行软件加工制造，达到产品质量的控制和产品生产效率的提升。

　　由此可见，传统软件开发仅仅是软件制造工程的一部分。软件制造工程依赖的是软件加工中心（在第 2 章介绍），进而实现资产库的沉淀，达到提升软件的可重用性效果。

1.3　小　结

　　本章从软件行业的发展趋势谈起，引出软件开发的现状以及面临的问题。为了解决这些问题提出了软件制造的概念，以及软件制造和传统的软件开发的区别，即软件开发只是软件制造中很小的一环，软件制造通过集成整合优秀技术并使用加工流水线的方式实现大规模协同开发，从而提高开发效率及复用率形成构件资产。

第 2 章　软件制造方法演变

计算机技术在第三次产业革命中发展迅速，在最近 20 多年时间里，计算机技术有了巨大进步。本章从计算机语言演变、软件开发方法演变、软件架构演变等三个方面介绍软件制造的演变历史，将传统架构的软件开发方法学和软件加工中心方法学进行对比。

2.1　计算机语言演变

计算机语言总的来说分为机器语言、汇编语言和高级语言三大类，而这三种语言也是计算机语言发展的三个阶段。

2.1.1　第一阶段——机器语言

1. 机器语言

机器语言：一种二进制语言，直接使用二进制代码表达指令，计算机硬件（CPU）直接执行，与具体 CPU 型号有关。

1946 年 2 月 14 日，世界上第一台计算机 ENAC 诞生，使用的是最原始的穿孔卡片。这种卡片上使用的语言是只有专家才能理解的语言，与人类语言差别极大，这种语言被称为机器语言。机器语言是第一代计算机语言。这种语言本质上是计算机能识别的唯一语言，人类很难理解。以后的语言是在这个基础上简化而来。虽然后来发展的语言能让人类直接理解，但最终输入计算机的仍然是机器语言。

2. 机器语言能做什么

一条指令就是机器语言的一条语句，它是一组有意义的二进制代码。各计算机公司设计生产的计算机，其指令的数量与功能、指令格式、寻址方式、数据格式是差别的。从计算机的发展过程可以看到，由于构成计算机的硬件发展迅速，计算机的更新换代很快，这就存在软件如何跟上硬件的问题。一台新机器推出交付使用时，只有少量系统软件（如操作系统等）

可提交用户，大量软件是不断充实的，尤其是应用程序，有相当一部分是用户在使用机器时不断产生的。为了缓解新机器的推出致使原有应用程序不能继续使用的问题，各个计算机公司生产的同一系列的计算机时，尽管其硬件实现方法可以不同，但指令系统、数据格式、I/O系统等保持相同，因而软件完全兼容。当研制该系列计算机的新型号时，尽管指令系统可以有较大的扩充，但仍保留了原来的全部指令，使软件向上兼容，即旧机型上的软件不加修改即可在新机器上运行。

用机器语言编写程序，编程人员要首先熟记所用计算机的全部指令代码及其含义。编写程序时，程序员需要处理每条指令和每个数据的存储分配以及输入输出，并且牢记编程过程中每步所使用的工作单元处在何种状态。这是一项十分烦琐的工作，编写程序花费的时间往往是实际运行时间的几十倍或几百倍。其次，编出的程序是 0 和 1 的指令代码，直观性差，较容易出错。现在，除了计算机生产厂家的专业人员外，绝大多数的程序员已经不再直接使用机器语言了。

2.1.2 第二阶段——汇编语言

1．汇编语言

汇编语言：一种将二进制代码直接对应助记符的编程语言，汇编语言与 CPU 型号有关，程序不通用，需要汇编器转换。

早期的程序设计均使用机器语言。但是这样的机器语言由纯粹的 0 和 1 构成，十分复杂，不方便阅读和修改，也容易产生错误。程序员们很快就发现了使用机器语言带来的麻烦，它们难于辨别和记忆，给整个产业的发展带来了障碍，为了使编程更加简单，编程人员利用了一些符号代替二进制码，由一个汇编系统来识记这些符号，由此形成可执行的目标码，汇编语言就此形成，这是第二代编程语言。汇编语言也称为符号语言。比起机器语言，汇编语言大大进步了。尽管还是复杂，用起来容易出错，但在计算机语言发展史上它是机器语言向更高级的语言进化的桥梁。

2．汇编语言能做什么

历史上，汇编语言曾经是非常流行的程序设计语言之一。随着软件规模的增长，以及随之而来的对软件开发进度和效率的要求，高级语言逐渐取代了汇编语言。但即便如此，高级语言也不可能完全替代汇编语言的作用。就拿 Linux 内核来讲，虽然绝大部分代码是用 C 语言编写的，但仍然不可避免地在某些关键地方使用了汇编代码。由于这部分代码与硬件的关系非常密切，即使是 C 语言也会显得力不从心，而汇编语言则能够最大限度地发挥硬件的性能。

首先，汇编语言的大部分语句直接对应着机器指令，执行速度快，效率高，代码体积小，在那些存储器容量有限，但需要快速和实时响应的场合比较有用，如仪器仪表和工业控制设备中。

其次，在系统程序的核心部分，以及与系统硬件频繁打交道的部分，可以使用汇编语言，如操作系统的核心程序段、I/O 接口电路的初始化程序、外部设备的低层驱动程序，以及频繁调用的子程序、动态连接库、某些高级绘图程序、视频游戏程序等。

再次，汇编语言可以用于软件的加密和解密、计算机病毒的分析和防治，以及程序的调试和错误分析等各个方面。

最后，通过学习汇编语言，能够加深对计算机原理和操作系统等课程的理解，汇编依然是各大学计算机科学类专业学生的必修课。通过学习和使用汇编语言，能够感知、体会和理解机器的逻辑功能，向上为理解各种软件系统的原理，打下技术理论基础；向下为掌握硬件系统的原理，打下实践应用基础。

2.1.3　第三阶段——高级语言

1. 高级语言

高级语言：更接近自然语言和数学公式，使用人们更易理解的方式编写程序，高级语言代码与具体 CPU 型号无关，编译后运行。编写的程序称为源程序。

高级语言相对于机器语言而言，是高度封装了的编程语言，与低级语言相对（低级语言即机器语言与汇编语言，是面向机器的语言，高级语言是较接近自然语言和数学公式的编程，基本脱离了机器的硬件系统，用人们更易理解的方式编写程序，是面向人类的语言）。它以人类的日常语言为基础的编程语言，使用一般人易于接受的文字来表示（例如汉字、不规则英文或其他外语），从而使程序人员编写更容易，亦有较高的可读性，以方便对计算机认知较浅的人亦可以大概明白其内容。由于早期计算机产业的发展主要在美国，因此一般的高级语言都以英语为蓝本。在 20 世纪，80 年代，当东亚地区开始使用计算机时，日本和中国都曾尝试开发使用各自地方语言编写的高级语言，当中主要是通过改编 BASIC 或专用于数据库数据访问的语言，但是随着编程人员的外语能力提升，现在这种情况已经很少了。

2. 高级语言能做什么

高级语言并不是特指的某一种具体的语言，它包括多种编程语言，如 Java、C、C++、C#、Pascal，Python，Lisp，Prolog、FoxPro、易语言、习语言（中文版的 C 语言）等，这些语言的语法、命令格式都不相同。

高级语言与计算机的硬件结构及指令系统无关，它有更强的表达能力，可方便地表示数据的运算和程序的控制结构，能更好地描述各种算法，而且容易学习掌握。但高级语言编译生成的程序代码一般比用汇编程序语言设计的程序代码要长，执行的速度也慢。高级语言、汇编语言和机器语言都是用于编写计算机程序的语言。

2.2　软件开发方法演变

20 世纪 60 年代以前，计算机刚刚投入实际使用，软件设计往往只是为了一个特定的应用而在指定的计算机上设计和编制，采用密切依赖于计算机的机器代码或汇编语言，软件的规模比较小，文档资料通常也没有，很少使用系统化的开发方法，设计软件往往等同于编制程序，基本上是自给自足的私人化的软件生产方式。

20 世纪 60 年代中期，大容量、高速度计算机的出现，使得计算机的应用范围迅速扩大，软件开发急剧增长。高级语言逐渐流行，操作系统开始发展，第一代数据库管理系统诞生，软件系统的规模越来越大，复杂程度越来越高，软件可靠性问题也越来越突出。既有自给自足软件生产方式不能满足要求，迫切需要改变，于是软件危机爆发，即落后的软件生产方式无法满足迅速增长的计算机软件需求，导致软件的开发与维护出现一系列严重的问题：

（1）软件开发费用和进度失控。

（2）软件的可靠性差。

（3）生产出来的软件难以维护。

1968 年，北大西洋公约组织的计算机科学家在联邦德国召开国际会议，第一次讨论软件危机问题，并正式提出"软件工程"一词，从此一门新兴的工程学科应运而生。

软件工程发展至今，催生出了许多优秀的编程语言和编程思想，诸如汇编语言、过程化语言、面向对象和模块化思想、服务化和组件化等表达业务逻辑的过程。

（1）汇编语言表达业务逻辑。

软件发展之初，为了基于计算机构建应用，发明了汇编语言，该语言的特性是基于 CPU 指令集进行编程。为了编写出有效的软件，需要理解大量计算机底层的特性。这个时期的软件开发难度大，成本高。

（2）过程性语言表达业务逻辑。

从汇编语言到 C 语言，出现了更高级别的抽象思维，当时抽象出了三种可以涵盖所有逻辑结构的范式：顺序结构、选择结构和循环结构。同时出现了面向过程化的编程思想。这就促成了软件开发效率的提高，但这种方式仍然不好控制软件的复杂度，不利于大型软件的开发。

（3）面向对象和模块化思想表达业务逻辑。

为了更清晰地构建软件，找到了一种更利于人类认知世界的编程方法——面向对象思维。通过构造出的一个个具有类型结构的对象协同工作，使得软件得以运行。这一时期也催生出许多程序框架和工具用以简化软件生命周期的各个流程，如 Spring 框架、Maven 构建工具、Git 版本控制工具等。可是这一时期的软件不具备弹性伸缩的能力，只能依靠升级硬件的配置来扩展服务能力。

（4）服务化和组件化表达业务逻辑。

服务化和组件化是目前主流的构建软件的方式，利用分布式的思想通过服务化和组件化，能够大大地提高软件的服务能力及复用性。随着容器化和编排技术的出现，更加促进了服务化和组件化软件的模式，也降低了构建大型应用软件的成本。

软件开发模式几经演化，从最初面向机器语言的开发模式到面向过程的开发模式，软件开发通过独立于机器的程序语言而不再依赖于不同平台的机器语言，实现了代码的重用；随后面向对象开发模式的出现使人们可以通过以更接近现实的对象来表述完整的事物，即进行对象的重用；此后随着软件开发规模的扩大，在涉及分布式、异构等复杂特征的环境中，出现了面向组件模式，软件开发的重用也上升到组件的级别；进入 21 世纪，当软件的开发面对更加复杂的环境和更加灵活多变的需求时，人们开始将应用程序以服务的形式公布出来供别人使用，而完全不需要去考虑这些业务服务运行在哪一个架构体系上，这就是面向服务的体系结构。相对于传统的代码重用，对象重用和组件重用，面向服务体系结构更加着重于业务级的应用，即服务的重用。软件开发最理想的过程就是开发者利用已测试和已实验的成熟稳定的可用组件来组装系统。

2.2.1 面向机器

1. 面向机器编程

面向机器编程是与机器相关的，用户必须熟悉计算机的内部结构及其对应的指令序列，从所使用的 CPU 的指令系统中挑选合适的指令，组成一个指令序列（CPU 可以识别的一组由 0 和 1 序列构成的指令码）。这种程序可以被机器直接理解并执行，速度很快，但由于它们不直观、难记、难以理解、不易查错、开发周期长，所以，现在只有专业人员在编制对于执行速度有很高要求的程序时才采用。

2. 面向机器开发的编程语言

为了减轻编程者的劳动强度，人们使用一些用于帮助记忆的符号来代替机器语言中的 0、1 指令，使得编程效率和质量都有了很大的提高。由这些助记符组成的指令系统，称为汇编语言。汇编语言指令与机器语言指令基本上是一一对应的。因为这些助记符号不能被机器直接识别，所以汇编语言程序必须被编译成机器语言程序才能被机器理解和执行。编译之前的程序被称为"源程序"，编译之后的程序被称为"目标程序"。

用汇编语言编写的程序代码针对性强，代码长度短，程序执行速度快，实时性强，要求的硬件也少，但编程烦琐，工作量大，调试困难，开发周期长，通用性差，不便于交流推广。

汇编语言与机器语言都是因 CPU 的不同而不同，所以统称为"面向机器的语言"。使用这类语言，可以编出效率极高的程序，但对程序设计人员的要求也很高，他们不仅要考虑解题思路，还要熟悉机器的内部结构，所以，一般的人很难掌握这类程序设计语言。

3. 面向机器编程的主要特点

1）机器相关性

汇编语言是一种面向机器的低级语言，通常是为特定的计算机或系列计算机专门设计的。因为是机器指令的符号化表示，故不同的机器就有不同的汇编语言。使用汇编语言能面向机器并较好地发挥机器的特性，得到质量较高的程序。

2）高速度和高效率

汇编语言保持了机器语言的优点，具有直接和简捷的特点，可有效地访问、控制计算机的各种硬件设备，如磁盘、存储器、CPU、I/O 端口等，且占用内存少，执行速度快，是高效的程序设计语言。

3）编写和调试的复杂性

由于是直接控制硬件，且简单的任务也需要很多汇编语言语句，因此在进行程序设计时必须面面俱到，需要考虑到一切可能的问题，合理调配和使用各种软、硬件资源。这样，就不可避免地加重了程序员的负担。与此相同，在程序调试时，一旦程序的运行出了问题，就很难发现。

2.2.2　面向过程

1. 面向过程编程

50 多年前国际上发生了"软件危机"，如 IBM 公司开发一个操作系统，或美国的航空公司开发飞机订票系统，都花费了上千人数年的工作量，软件开发周期长，但是开发出来的软件产品错误很多，难以维护和适应修改。

正在此时，荷兰的物理家 E.W.Dijkstra 提出了一种"结构程序设计方法"，他认为：人的智力是有限的，应该采用数学或物理学的思维方法，用枚举、抽象、归纳、类比等思维方式简化问题。

此方法扩展到软件的生产活动中，称为"结构化分析和结构化设计（SASD）"。

结构化程序设计提出的原则可以归纳为 32 个字：自顶向下，逐步细化；清晰第一，效率第二；书写规范，缩进格式；基本结构，组合而成。

结构化的程序是以简单、有层次的程序流程架构组成，主要分为顺序（sequence）、选择（selection）及循环（repetition）。

2. 面向过程开发的编程语言

面向过程的语言也称为结构化程序设计语言，是高级语言的一种，用任何语言都可以进行结构化程式设计，不过一般较常使用程序式的编程语言。早期的结构化编程语言包括 ALGOL、Pascal、PL/I 及 Ada，不过后来大部分的程序式编程语言都鼓励使用结构化程式设计，有时也会特意省去一些特性（如不支持 goto 指令）使得非结构化的程式设计更加困难。

C 语言是最常见的面向过程语言，也是应用最为广泛的一种编程语言，从嵌入式到 PC(个人计算机）软件，从底层驱动到操作系统都能见到其身影。作为应用最广泛、形式最灵活、拓展最方便的一种编程语言，C 语言在世界编程语言排行榜中占据极高的排名，多年来没有丝毫动摇。

"结构程序设计方法"是基于面向对象设计方法的早期蓝本，侧重于解决程序正确性的编程方法，以此为基础建立了软件工程这门学科，建立了编程的基础理论体系。

3. 面向过程编程的主要特点

1）严格的语法

面向过程语言中每条语句的书写格式都有严格规定。

2）与计算机硬件结构无关

面向过程语言中语句设计目标体现在以下两个方面：一是能够使得用语句描述完成运算过程的步骤和运算过程涉及的原始数据的过程得到简化；二是使得用面向过程语言编写的程序具有普适性，能够转换成不同的机器语言程序。因此，面向过程语言是与计算机硬件无关的。

3）语句接近自然表达式

机器语言程序之所以极其复杂和晦涩难懂，一是因为用二进制数表示机器指令的操作码和存放操作数的存储单元地址；二是因为每一条机器指令只能执行简单运算。面向过程语言要达到简化程序设计过程的目的，需要做到：一是使语句的格式尽量接近自然语言的格式；二是能够用一条语句描述完成自然表达式运算过程的步骤。因此，语句的格式和描述运算过程步骤的方法与自然表达式接近是面向过程语言的一大特色。

4）提供大量函数

为了做到与计算机硬件无关，通过提供输入/输出函数实现输入/输出功能。另外，大量复杂的运算过程，如三角函数运算过程等，即使用由四则运算符连接的自然表达式来描述运算过程的步骤，其过程也是极其复杂的，通过提供实现这些复杂运算过程的函数，使得面向过程语言的程序设计过程变得相对简单。

5）适合模块化设计

一个程序可以分解为多个函数，通过函数调用过程，使得可以用一条函数调用语句实现函数所完成的复杂运算过程。这种方法使得可以将一个复杂问题的解决过程分解为较为简单的几个子问题的解决过程，即首先通过编写函数用语句描述解决每一个子问题的解决过程的步骤，一条函数调用语句便描述了解决一个子问题的过程，最后在一个主程序中用多条函数调用语句描述解决分解为多个子问题的复杂问题的解决过程的步骤。

6）不同硬件结构对应不同的编译器

虽然面向过程语言与计算机硬件结构无关，但用于将面向过程语言程序转换成机器语言程序的编译器是与计算机硬件有关的，每一种计算机有着独立的用于将面向过程语言程序转换成该计算机对应的机器语言程序的编译器。因此，一种计算机只有具备了将面向过程语言程序转换成对应的机器语言程序的编译器，面向过程语言程序才能在该计算机上运行。同一面向过程语言程序，只要经过不同计算机对应的编译器的编译过程，就可在不同计算机上运行，这种特性称为程序的可移植性。

7）设计问题解决过程中的步骤

面向过程语言中每一条语句的功能虽然比机器指令和汇编指令的功能要强得多，但是无法用一条语句描述完成复杂运算过程所需的全部步骤，仍然需要将完成复杂运算的过程细化为一系列步骤，使得每一个步骤可以用一条语句描述；面向过程语言程序设计过程就是用一系列语句描述问题解决过程中的一系列步骤的过程。

2.2.3　面向对象

1. 面向对象编程

面向对象在结构化设计方法出现很多问题的情况下应运而生的。结构化设计方法求解问题的基本策略是从功能的角度审视问题域。它将应用程序看成实现某些特定任务的功能模块，其中子过程是实现某项具体操作的底层功能模块。在每个功能模块中，用数据结构描述待处理数据的组织形式，用算法描述具体的操作过程。面对日趋复杂的应用系统，这种开发思路在审视问题域的视角、抽象级别、封装体、可重用性等4个方面逐渐暴露了一些弱点。

上述弱点驱使人们寻求一种新的程序设计方法，以适应现代社会对软件开发的更高要求，面向对象由此产生。面向对象技术强调在软件开发过程中面向客观世界或问题域中的事物，采用人类在认识客观世界的过程中普遍运用的思维方法，直观、自然地描述客观世界中的有关事物。面向对象技术的基本特征主要有抽象性、封装性、继承性和多态性。

面向对象程序设计（Object Oriented Programming）作为一种新方法，其本质是以建立模型体现出来的抽象思维过程和面向对象的方法。模型是用来反映现实世界中事物特征的。任何一个模型都不可能反映客观事物的一切具体特征，只能对事物特征和变化规律的一种抽象，且在它所涉及的范围内更普遍、更集中、更深刻地描述客体的特征，通过建立模型而得到的抽象是人们对客体认识的深化。

当我们提到面向对象的时候，它不仅指一种程序设计方法，更多意义上是一种程序开发方式。

2. 面向对象开发的编程语言

面向对象语言是以对象作为基本程序结构单位的程序设计语言，指用于描述的设计是以对象为核心，而对象是程序运行时刻的基本成分，面向对象的语言有 C++、Java、C#等。语言提供了类、继承等成分，有封装性、多态性、类别性和继承性4个主要特点，如图 2-1 所示。

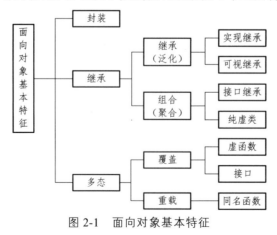

图 2-1　面向对象基本特征

（1）C++，支持多继承、多态和部分动态绑定。

C++是 C 语言的继承，既可以进行 C 语言的过程化程序设计，又可以进行以抽象数据类型为特点的基于对象的程序设计，还可以进行以继承和多态为特点的面向对象的程序设计。C++擅长面向对象程序设计的同时，还可以进行基于过程的程序设计，因而 C++就适应的问题规模而论，大小皆可。

（2）Java，支持单继承、多态和部分动态绑定。

Java 是一门面向对象的编程语言，不仅吸收了 C++语言的各种优点，还摒弃了 C++里难以理解的多继承、指针等概念，因此 Java 语言具有功能强大和简单易用两个特征。Java 语言作为静态面向对象编程语言的代表，极好地实现了面向对象理论，允许程序员以优雅的思维方式进行复杂的编程。

（3）C#，也支持单继承，与 Java 和 C++等有很多类似之处。

C#是微软公司发布的一种面向对象的、运行于.NET Framework 之上的高级程序设计语言。C#看起来与 Java 有着惊人的相似之处。它包括诸如单一继承、接口、与 Java 几乎同样的语法和编译成中间代码再运行的过程。但是 C#与 Java 有着明显的不同，它借鉴了 Delphi 的一个特点，与 COM（组件对象模型）是直接集成的，而且它是微软公司.NET Framework 网络框架的主角。

3. 面向对象编程的主要特点

1）抽象和封装

类和对象体现了抽象和封装。

抽象就是解释类与对象之间关系的词。类与对象之间的关系就是抽象的关系。一句话来说明：类是对象的抽象，而对象则是类的特例，即类的具体表现形式。

封装两个方面的含义：一是将有关数据和操作代码封装在对象当中，形成一个基本单位，各个对象之间相对独立、互不干扰；二是将对象中某些属性和操作私有化，以达到数据和操作信息隐藏，有利于数据安全，防止被修改。把一部分或全部属性和部分功能（函数）对外界屏蔽，就是从外界（类的大括号之外）看不到，不可知，这就是封装的意义。

2）继　承

面向对象的继承是为了软件重用，简单理解就是代码复用，把重复使用的代码精简掉的一种手段。如何精简？当一个类中已经有了相应的属性和操作的代码，而另一个类当中也需要写重复的代码，那么就用继承方法，把前面的类当成父类，后面的类当成子类，子类继承父类，理所当然。就用一个关键字 extends 就完成了代码的复用。

3）多　态

没有继承就没有多态，继承是多态的前提。虽然继承自同一父类，但是相应的操作却各不相同，这就叫多态。由继承而产生的不同的派生类，其对象对同一消息会做出不同的响应。

2.2.4　面向组件

1．面向组件编程

提到面向组件就不得不提到 COM（Component Object Model），即组件对象模型，它是微软提出的一套开发软件的方法与规范。它也代表了一种软件开发思想，那就是面向组件编程（COP，Component-Oriented Programming）的思想。

众所周知，由 C 到 C++，实现了由面向过程编程到面向对象编程的过渡。而 COM 的出现，又引出了面向组件的思想。其实，面向组件思想是面向对象思想的一种延伸和扩展。

在以前，应用程序总是被编写成一个单独的模块，就是说一个应用程序就是一个单独的二进制文件。后来在引入了面向组件的编程思想后，原本单个的应用程序文件被分隔成多个模块来分别编写，每个模块具有一定的独立性，也应具有一定的与本应用程序的无关性。一般来说，这种模块的划分是以功能作为标准的。例如，一个网上办公管理系统，从功能上说需要包含网络通信、数据库操作等部分，我们可以将网络通信和数据库操作的部分分别提出来做成两个独立的模块。那么，原本单个的应用程序就分隔成了三个模块：主控模块、通信模块和数据库模块。而这里的通信模块和数据库模块还可以做得使其具有一定的通用性，那么其他的应用程序也就可以利用这些模块了。这样做的好处有很多，比如当对软件进行升级时，只要对需要改动的模块进行升级，然后用重新生成的一个新模块来替换掉原来的旧模块（但必须保持接口不变），而其他的模块可以完全保持不变。这样，软件升级就变得更加方便，工作量也更小。

面向组件编程思想可以用四个字概况：模块分隔。这里的"分隔"有两层含义，第一就是要"分"，也就是要将应用程序（尤其是大型软件）按功能划分成多个模块；第二就是要"隔"，也就是每一个模块要有相当程度的独立性，要尽量与其他模块"隔"开。这四个字是面向组件编程思想的精华所在，也是 COM 的精华所在，理解了这四个字，也就真正理解了面向组件编程的思想。

2．面向组件开发的编程语言

面向组件技术建立在对象技术之上，它是对象技术的进一步发展，类的概念仍然是组件技术中一个基础概念，但是组件技术更核心的概念是接口。组件技术的主要目标是复用——粗粒度的复用，这不是类的复用，而是组件的复用，如一个 dll（动态链接库）、一个中间件，甚至一个框架。

VB、PB、C++ Builder/Delphi、Java 等都是面向组件开发的语言，一个组件的外形/外貌应该是简单的、清晰的、无冗余的、简洁的，这个外貌通过接口来描述，接口中可以发布事件、属性和方法。这三种元素就足以描述一个组件外貌的所有特征。

3．面向组件编程的主要特点

1）理解组件

组件不是一个新的概念，Java 中的 JavaBean 规范和 EJB 规范都是典型的组件。组件的特点在于它定义了一种通用的处理方式。例如，JavaBean 拥有内视的特性，这样就可以通过工具来实现 JavaBean 的可视化。

组件较于对象的进步就在于通用的规范的引入。通用规范往往能够为组件添加新的能力，但也给组件添加了限制。

2）组件的粒度

组件的粒度是和系统的架构息息相关的。组件的粒度确定了，系统的架构也就确定了。在小规模的软件中，可能组件的粒度很小，仅相当于普通的对象，但是对于大规模的系统来说，一个组件可能包括几十，甚至上百个对象。因此，对使用 COP 技术的系统来说，需要正确地定义组件的粒度。较好的定义粒度的方法是对核心流程进行分析。

3）针对接口

接口和实现分离是 COP 的基础，没有接口和实现的分离，就没有 COP。接口的高度抽象特性使得各个组件能够被独立地抽取出来，而不影响到系统的其他部分。

接口和实现分离有以下 4 个好处：

（1）在模块/组件/对象之间解耦。
（2）轻松地实现抽换，而不用修改客户端。
（3）用户只需要了解接口，而不需要了解实现细节。
（4）增加了重用的可能性。

2.2.5　面向服务

1．面向服务编程

面向服务用来描述服务之间的松耦合，松耦合的系统来源于业务，而面向对象的模型是紧耦合。面向服务的体系结构不是新鲜事物，是对传统的面向对象模型的替代模型。面向服务编程（SOP，Service-Oriented Programming）的发展并不是一蹴而就的，是经历了数十年渐进的演化历程。面向服务方法作为应对面向对象及面向组件的缺陷的解决方案出现。从各方面看，服务都是组件的一个本质上的飞跃，就像组件是对象的一个本质上的飞跃一样。在软件行业中，面向服务是我们目前所知的构建可维护的、健壮的、安全的应用程序的最佳方案，也是最可行的方案。

SOP 是一种体系结构，目标是在软件代理交互中获得松散耦合。一个服务是一个服务提供者为一个服务消费者获得其想要的最终结果的一个工作单元。服务者与消费者都以软件代理代表他们的角色。

服务与消息的关系如图 2-2 所示。

图 2-2　服务与消息

SOP 的思想不同于面向对象的编程，面向对象编程建议应该将数据与操作绑定，因此在面向对象编程风格中，每张 CD 与其所对应的 CD 播放机，不可分割。而 SOP 为了解决异构性、互操作性和需求变更问题，构建具有松散耦合、位置透明、协议独立三个特征的应用程序服务。

2. 面向服务编程的发展状况

近年来，面向服务的体系结构（SOA，Service-Oriented Architecture）的研究已经成为热点。与前面的面向机器、面向过程、面向对象和面向组件等相比，SOA 超越了软件开发语言本身，是一种面向服务的架构，与软件开发语言无关。但就软件开发本身来说，SOA 是一种技术，又超越了所有具体的技术。

SOA 的概念最初由 Gartner 公司提出，当时的技术水平和市场环境尚不具备真正实施 SOA 的条件，因此当时 SOA 并未引起人们的广泛关注，SOA 在当时沉寂了一段时间。伴随着互联网的浪潮，越来越多的企业将业务转移到互联网领域，带动了电子商务的蓬勃发展。为了能够将公司的业务打包成独立的、具有很强伸缩性的基于互联网的服务，人们提出了 Web 服务的概念，这可以说是 SOA 的发端。

Web 服务开始流行以后，互联网迅速出现了大量的基于不同平台和语言开发的 Web 服务组件。为了能够有效地对这些为数众多的组件进行管理，人们迫切需要找到一种新的面向服务的分布式 Web 计算架构。该架构要能够使由不同组织开发的 Web 服务间相互学习和交互，保障安全以及兼顾复用性和可管理性。由此，人们重新找回 SOA，并赋予其时代的特征。需求推动技术进步，正是这种强烈的市场需求，使得 SOA 再次成为人们关注的焦点。回顾 SOA 发展历程，我们把其大致分为了三个阶段。

1）孕育阶段

这一阶段以 XML 技术为标志，时间大致从 20 世纪 90 年代末到 21 世纪初。虽然这段时期很少提到 SOA，但 XML 的出现无疑为 SOA 的兴起奠定了稳固的基石。

可扩展标记语言（Extensibl Markup Language，XML）系 W3C 所创建，源自流行的标准通用标记语言（Standard Generalised Markup Language，SGML），它在 20 世纪 60 年代后期就已存在。这种广泛使用的元语言，允许组织定义文档的元数据，实现企业内部和企业之间的电子数据交换。SGML 比较复杂，实施成本很高，因此很长时间里只用于大公司之间，限制了它的推广和普及。

通过 XML，开发人员摆脱了 HTML 语言的限制，可以将任何文档转换成 XML 格式，然后跨越互联网协议传输。借助 XML 转换语言（Extensible Stylesheet Language Transformation, XSLT），接收方可以很容易地解析和抽取 XML 的数据。这使得企业既能够将数据以统一的格式描述和交换，同时又不必负担 SGML 的高成本。事实上，XML 实施成本几乎和 HTML 一样。

XML 是 SOA 的基石。XML 规定了服务之间以及服务内部数据交换的格式和结构。XSD 架构保障了消息数据的完整性和有效性，而 XSLT 使得不同的数据表达能沟通过架构映射而互相通信。

2）出生阶段

2000 年以后，人们普遍认识到基于公共——专有互联网之上的电子商务具有极大的发展潜力，因此需要创建一套全新的基于互联网的开放通信框架，以满足企业对电子商务中各分立系统之间通信的要求。于是，人们提出了 Web 服务的概念，希望通过将企业对外服务封装为基于统一标准的 Web 服务，实现异构系统之间的简单交互。这一时期，出现了简单对象访问协议（Simple Object Access Protocal, SOAP）、Web 服务描述语言（Web Services DescrIPtion Language, WSDL）、通用服务发现和集成协议（Universal Discovery DescrIPtion and Integration, UUDI），这三个标准可谓"Web 服务三剑客"，极大地推动了 Web 服务的普及和发展。短短几年之间，互联网上出现了大量的 Web 服务，越来越多的网站和公司将其对外服务或业务接口封装成 Web 服务，有力地推动了电子商务和互联网的发展。Web 服务也是互联网 Web2.0 时代的一项重要特征。

3）成长阶段

从 2005 年开始，SOA 推广和普及工作开始加速。不仅专家学者，几乎所有关心软件行业发展的人士都开始把目光投向 SOA。一时间，SOA 频频出现在各种技术媒体、新产品发布会和技术交流会上。

各大厂商也逐渐放弃成见，通过建立厂商间的协作组织共同努力制定中立的 SOA 标准。这一努力最重要的成果体现在 3 个重量级规范上：SCA/SDO/WS-Policy。SCA 和 SDO 构成了 SOA 编程模型的基础，而 WS-Policy 建立了 SOA 组件之间安全交互的规范。这三个规范的发布，标志着 SOA 进入了实施阶段。

从整体架构角度看，人们已经把关注点从简单的 Web 服务拓展到面向服务体系架构的各个方面，包括安全、业务流程和事务处理等。

3. 面向服务编程的主要特点

（1）利用现有的资产。方法是将现有资产包装成提供企业功能的服务。组织可以继续从现有的资源中获取价值，而不必重新从头开始构建。

（2）更易于集成和管理复杂性。将基础设施和实现发生的改变所带来的影响降到最低限度。因为复杂性是隔离的，当更多的企业一起协作提供价值链时，会变得更加重要。

（3）更快地整合现实。通过利用现有的构件和服务，可以减少完成软件开发生命周期所需的时间。这使得可以快速地开发新的业务服务，并允许组织迅速地对改变做出响应和缩短开发时间。

（4）减少成本和增加重用。通过以松散耦合的方式公开业务服务，企业可以根据业务要求更轻松地使用和组合服务。

（5）SOA业务流程是由一系列业务服务组成的，可以更轻松地创建、修改和管理它来满足不同时期的需要。

2.3 软件开发架构演变

软件架构的发展经历了从单体架构、分布式应用、微服务架构到 Serverless 架构的过程。

2.3.1 单体架构

单体架构比较初级，典型的三级架构由前端（Web/手机端）、中间业务逻辑层和数据库层组成。这是一种典型的 Java Spring MVC 或者 Python Django 架构的应用。单体架构如图 2-3 所示。

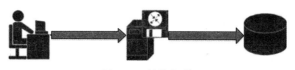

图 2-3 单体架构

1．单体架构的优点

单体架构的应用比较容易部署、测试，在项目的初期，单体框架能以较好的状态运行。

2．单体架构的缺点

随着需求的不断增加，越来越多的人加入开发团队，代码库也在飞速地膨胀，单体框架应用变得臃肿，并且可维护性、灵活性逐渐降低，维护成本越来越高。

复杂性高：以一个百万行级别的单体应用为例，整个项目包含的模块非常多，而且模块的边界模糊、依赖关系不清晰、代码质量参差不齐，模块混乱地堆砌在一起。每次修改代码都必然面临巨大的风险，甚至添加一个简单的功能或修改一个 Bug 都会带来隐含的缺陷。

技术债务：随着时间推移、需求变更和人员更迭，会逐渐形成应用程序的技术债务，并且越积越多。"不坏不修"，这在软件开发中非常常见，在单体应用中这种思想更甚。已使用的系统设计或代码难以被修改，因为程序本身中的其他模块可能会以意料之外的方式使用它。

部署频率低：随着代码量的增多，构建和部署的时间逐步增加。而在单体应用框架中，每次功能的变更或缺陷的修复都会导致需要重新部署整个应用。全量部署的方式耗时长、影响范围大、风险高，这使得单体应用项目上线部署的频率较低。而部署频率低又导致两次发布之间会有大量的功能变更和缺陷修复，出错率比较高。

可靠性差：一个 Bug 极有可能会导致整个应用的崩溃，如死循环、内存溢出等。

扩展能力受限：单体应用只能作为一个整体进行扩展，无法根据业务模块的需要进行选择性的改变。例如，应用中有的模块是计算密集型的，它需要强劲的 CPU；有的模块则是 I/O 密集型的，需要更大的内存。由于这些模块部署在一起，不得不在硬件的选择上做出妥协。

阻碍技术创新：单体应用往往使用统一的技术平台或方案解决所有的问题，团队中的每个成员都必须使用相同的开发语言和框架，要想引入新框架或新技术平台会非常困难。

2.3.2　分布式架构

分布式架构属于中级架构，中间层采用分布式，数据库采用分布式，是单体架构的并发扩展，将一个大的系统划分为多个业务模块，业务模块分别部署在不同的服务器上，各个业务模块之间通过接口进行数据交互。数据库也大量采用分布式数据库，如 Redis、ES、Solor 等。通过 LVS/Nginx 代理应用，将用户请求均衡地负载到不同的服务器上。分布式架构如图 2-4 所示。

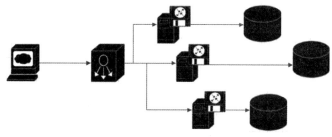

图 2-4　分布式架构

1. 分布式架构的优点

该架构相对于单体架构来说，这种架构提供了负载均衡的能力，大大提高了系统负载能力，解决了网站高并发的需求。另外，还有以下特点：

降低了耦合度：把模块拆分，使用接口通信，降低了模块之间的耦合度。

责任清晰：把项目拆分成若干个子项目，不同的团队负责不同的子项目。

扩展方便：增加功能时只需要再增加一个子项目，调用其他系统的接口就可以。

部署方便：可以灵活地进行分布式部署。

提高代码的复用性：例如 Service 层，如果不采用分布式 Rest 服务方式架构，在手机 Wap 商城、微信商城、PC、Android、iOS 每个端都要写一个 Service 层逻辑，开发量大，难以维护和升级；如果采用分布式 Rest 服务方式架构，则可以共用一个 Service 层。

2. 分布式架构的缺点

分布式应用系统之间的交互要使用远程通信，接口开发会增大工作量，但是利大于弊。

2.3.3 微服务架构

微服务架构，主要是中间层分解，将系统拆分成很多小应用（微服务），微服务可以部署在不同的服务器上，也可以部署在相同的服务器不同的容器上。当单个小应用的故障不会影响到其他应用，单应用的负载也不会影响到其他应用，其代表框架有 Spring Cloud、Dubbo 等。微服务架构如图 2-5 所示。

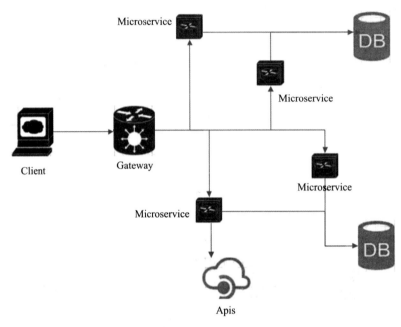

图 2-5　微服务架构

1. 微服务架构的优点

易于开发和维护：一个微服务只会关注一个特定的业务功能，所以它的业务清晰、代码量较少。开发和维护单个微服务相对简单。整个应用则是由若干个微服务构建而成的，可以很容易从业务角度进行对应用的控制。

单个微服务启动较快：单个微服务代码量较少，所以启动会比较快。

局部修改容易部署：单体应用只要有修改，就得重新部署整个应用，微服务解决了这样的问题。一般来说，对某个微服务进行修改，只需要重新部署这个服务即可。

技术栈不受限：在微服务架构中，可以结合项目业务及团队的特点，合理地选择技术栈。例如，某些服务可使用关系型数据库 MySQL；某些微服务有图形计算的需求，可以使用 Neo4j；甚至可以根据需要来选择开发语言，部分微服务使用 Java 开发，部分微服务使用 Node.js 开发。

2. 微服务架构的缺点

微服务虽然有很多吸引人的地方，但是使用微服务架构也会面临一些挑战，主要体现在以下 4 点：

运维要求较高：更多的服务意味着更多的运维投入。在单体架构中，只需要保证一个应用的正常运行。而在微服务中，需要保证几十甚至几百个服务的正常运行与协作，这给运维带来了很大的挑战。

分布式固有的复杂性：使用微服务构建的是分布式系统，对于一个分布式系统，系统容错、网络延迟、分布式事务等都会带来巨大的挑战。

接口调整成本高：微服务之间通过接口进行通信，如果修改某一个微服务的 API，可能所有使用了该接口的微服务都需要做调整。

重复劳动：很多服务可能都会使用到相同的功能，而这个功能并没有达到分解为一个微服务的程度，这个时候，可能各个服务都会开发这一功能，从而导致代码重复。尽管可以使用共享库来解决这个问题（例如可以将这个功能封装成公共组件，需要该功能的微服务引用该组件），但共享库在多语言环境下就不一定行得通了。

2.3.4 Serverless 架构

当我们还在容器的浪潮中前行时，有人已经在悄然布局另外一个云计算战场——Serverless 架构，如图 2-6 所示。

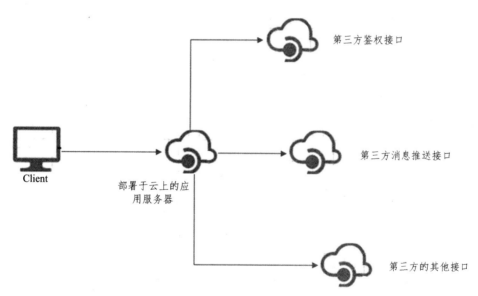

图 2-6 Serverless 架构

2014 年 11 月 14 日，亚马逊 AWS 发布了新产品 Lambda。当时 Lambda 被描述为：一种计算服务，根据时间运行用户的代码，无须关心底层的计算资源。从某种意义上来说，Lambda 姗姗来迟，它像云计算的 PaaS 理念：客户只管业务，无须担心存储和计算资源。在 2014 年 10 月 22 日，谷歌收购了实时后端数据库创业公司 Firebase。Firebase 声称开发者只需引用一个 API 库文件就可以使用标准 REST API 的各种接口对数据进行读写操作，只需编写

HTML + CSS + JavaScript 前端代码，不需要服务器端代码（如需整合，也极其简单）。

相对于上两者，Facebook 在 2014 年 2 月收购的 Parse，则侧重于提供一个通用的后台服务。这些服务被称为 Serverless 或 No sever。想到 PaaS（平台即服务）了是吗？很像，用户不需要关心基础设施，只需要关心业务，这是迟到的 PaaS，也是更实用的 PaaS。这很有可能将会变革整个开发过程和传统的应用生命周期，一旦开发者习惯了这种全自动的云上资源的创建和分配，或许就再也回不到那些需要微应用配置资源的时代了。

1. Serverless 架构的优点

Serverless 架构能够让开发者在构建应用的过程中无须关注计算资源的获取和运维，由平台来按需分配计算资源并保证应用执行的 SLA（服务等级协议），按照调用次数进行计费，有效地节省应用成本。

低运营成本：在业务突发性极高的场景下，系统为了应对业务高峰，必须构建能够应对峰值需求的系统，这个系统在大部分时间是空闲的，这就导致了严重的资源浪费和成本上升。在微服务架构中，服务需要一直运行，实际上在高负载情况下每个服务都不止一个实例，这样才能完成高可用性；在 Serverless 架构下，服务将根据用户的调用次数进行计费，按照云计算 pay-as-you-go 原则，如果没有东西运行，就不必付款，节省了使用成本。同时，用户能够通过共享网络、硬盘、CPU 等计算资源，在业务高峰期通过弹性扩容方式有效地应对业务峰值，在业务波谷期将资源分享给其他用户，有效地节约了成本。

简化设备运维：在原有的 IT 体系中，开发团队既需要维护应用程序，同时还要维护硬件基础设施；在 Serverless 架构中，开发人员面对的将是第三方开发或自定义的 API 和 URL，底层硬件对于开发人员透明化了，技术团队无须再关注运维工作，能够更加专注于应用系统开发。

提升可维护性：在 Serverless 架构中，应用程序将调用多种第三方功能服务，组成最终的应用逻辑。目前，例如登录鉴权服务、云数据库服务等第三方服务，在安全性、可用性、性能方面都进行了大量优化，开发团队直接集成第三方的服务，能够有效地降低开发成本，同时使得应用的运维过程变得更加清晰，有效地提升了应用的可维护性。

更快的开发速度：在互联网创业公司得到很好的体现，创业公司往往开始由于人员和资金等问题，不可能每个产品线都同时进行，这时候就可以考虑第三方的 Baas 平台，比如使用微信的用户认证、阿里云提供的 RDS、极光的消息推送、第三方支付及地理位置等，能够很快进行产品开发，把工作重点放在业务实现上，把产品更快地推向市场。

2. Serverless 架构的缺点

厂商平台绑定：平台会提供 Serverless 架构给用户，比如 AWS Lambda，运行它需要使用 AWS 指定的服务，如 API 网关、DynamoDB、S3 等，一旦在这些服务上开发出复杂系统，将会粘牢 AWS，此后涨价或者下架等操作都不可控，个性化需求很难满足，不能进行随意的迁移或者迁移的成本比较大，同时不可避免带来一些损失。Baas 行业内一个比较典型的事件，2016 年 1 月 19 日 Facebook 关闭曾经花巨额资金收购的 Parse，造成用户不得不迁移在这个平台中产生一年多的数据，无疑需要花费比较大的人力和时间成本。

成功案例比较少，没有行业标准：目前的情况也只适合简单的应用开发，缺乏大型成功案例的推动。对于 Serverless 缺乏统一的认知以及相应的标准，无法适应所有的云平台。

目前微服务架构在四种架构中处于主流地位，很多应用第一种、第二种架构的企业也开始慢慢转向微服务架构。到目前为止微服务的技术相对于数年前已经比较成熟，第四种架构将是未来发展的一种趋势。

2.4 传统架构的软件开发模型

软件开发模型（Software Development Model）是指软件开发全部过程、活动和任务的结构框架。软件开发包括需求、设计、编码、测试和维护阶段。各个软件开发模型都会清晰、直观地表达软件开发全过程，明确规定了要完成的主要活动和任务，用来作为软件项目工作的基础。对于不同的软件系统，可以采用不同的开发方法、使用不同的程序设计语言以及各种不同技能的人员参与工作、运用不同的管理方法和手段等，以及允许采用不同的软件工具和不同的软件工程环境。

目前面向传统软件架构的软件开发模型主要有以下 10 种：

2.4.1 边做边改模型

1. 模型概述

边做边改模型（Build and Fix Model）：当一个软件产品在没有规格说明或主要设计的情况下被开发时，开发者往往不得不重新对产品编码多次直到得到正确稳定的产品，这种开发模型就是边做边改模型。

开发者首先开发出一个产品的初版本给客户，然后根据反馈开发新的版本再次给客户，持续不断改进，直到客户满意为止。

2. 模型的缺点

边做边改模型最主要的缺点是需求的不确定性，设计和实现中的错误需要在整个产品被构建出来后才能被发现。这是一种类似作坊的开发方式，对编写几百行的小程序来说还不错，但这种方法对任何规模的开发来说都是不能令人满意的，其主要问题在于：

（1）缺少规划和设计环节，软件的结构随着不断的修改越来越糟糕，导致无法继续修改；

（2）忽略需求环节，给软件开发带来很大的风险；

（3）没有考虑测试和程序的可维护性，也没有任何文档，软件的维护十分困难。

3. 模型的适用范围

由于这种模型没有包括编码前的开发阶段,所以它不被认为是一个完整的生命周期模型。

然而在某些场合这种简单的方式非常有用，对于需求非常简单和容易明白，软件期望的功能行为容易定义，实现的成功或失败容易检验的工程可以使用这种模型。

2.4.2　瀑布开发模型

1. 模型概述

瀑布模型（Waterfall Model），其开发过程是通过设计一系列阶段顺序展开，从系统需求分析开始直到产品发布和维护，每个阶段都会产生循环反馈，因此，如果有信息未被覆盖或者发现了问题，那么在上一个阶段并进行适当的修改，项目开发进程从一个阶段"流动"到下一个阶段，这也是瀑布模型名称的由来。包括软件工程开发、企业项目开发、产品生产以及市场销售等过程都会构造瀑布模型。

2. 核心思想

瀑布模型的核心思想是按工序将问题化简，将功能的实现与设计分开，便于分工协作，即采用结构化的分析与设计方法将逻辑实现与物理实现分开。将软件生命周期划分为制订计划、需求分析、软件设计、程序编写、软件测试和运行维护等六个基本活动，并且规定了自上而下、相互衔接的固定次序，如同瀑布流水，逐级下落，如图 2-7 所示。

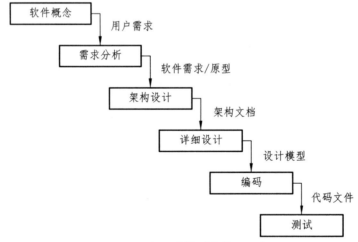

图 2-7　瀑布开发模型的核心思想

3. 模型的优缺点

1）模型的优点

（1）为项目提供了按阶段划分的检查点。

（2）当前一阶段完成后，只需要去关注后续阶段。

（3）可在迭代模型中应用瀑布模型，增量迭代应用于瀑布模型，迭代 1 解决最大的问题。每次迭代产生一个可运行的版本，同时增加更多的功能。每次迭代必须经过质量和集成测试。

（4）它提供了模板，这个模板使得分析、设计、编码、测试和支持的方法可以在该模板下有一个共同的指导。

2）模型的缺点

（1）瀑布开发模型的缺点也是明显的。如果其间的每一阶段没有得到坚决贯彻和实现，那么隐藏的问题最终会影响项目的成功。虽然瀑布管理方式对项目经理而言非常方便，但是对开发人员而言就可能显得太严格了。因为测试过程在开发阶段之后实施，子系统测试所暴露的问题可能需要立即修改代码，这样显著增加了成本。

（2）调试过程可能非常复杂，原因在于，开发人员在同一阶段通常还可以从事其他项目的开发工作，而所需要的软件修改可能会降低开发人员的生产率和工作质量。

（3）只有到解决方案启动的时候才能知道当初所设计的是否成功，所以用来改正问题的时间和空间非常有限。而设计工作上的疏漏和缺陷可能会严重地影响项目进展。

（4）除了到验收阶段，其他阶段几乎没有获取反馈的时间，一旦开发工作启动，那么修改的空间也就没有了。如果系统测试功能或者性能没有达到要求也没有修正问题的时间。

（5）在部署瀑布开发模型之前必须仔细评估自己所处的环境和条件。如果客户希望在开发工作开始之后加入进来或者需要处理很多未知问题，那么或许应该采用一种更具重复性的开发过程。

4.适用场合

采用瀑布开发模型是需要一定条件和场合的，并不是所有的解决方案都能采用这种比较严格的开发方式获得成功。

采用瀑布开发模型的用户常见于负责新项目的项目经理，因为这种方式对项目的估计非常方便。项目开发中涉及的事项可以预先计划，从而便于确定预期的开发成本和开发时间。另一项好处是所有的需求都必须得到确认，在代码编写之前项目结束标准就能确定。这样就保证了项目开发目的的明确性。

由于项目开发工作分阶段实施，一次只需一个团队管理项目，从而简化了项目经理的工作，使得项目经理可以更深入地同每一位成员协作。

2.4.3 快速原型开发模型

1.模型概述

快速原型模型（Rapid Prototype Model）通过先开发一个可以运行的软件原型，以便展示有能力或技术完成用户需求，使开发人员与用户达成共识，最终在确定的客户详细需求基础上开发客户满意的软件产品。快速原型模型允许在需求分析阶段对软件的需求进行初步而非完全的分析和定义，快速设计开发出软件系统的原型，该原型向用户展示待开发软件的全部或部分功能和性能；用户对该原型进行测试评定，给出具体改进意见以丰富细化软件需求；开发人员据此对软件进行修改完善，直至用户满意认可之后，进行软件的完整实现及测试、维护。

2. 模型的优缺点

1）模型的优点

克服瀑布模型的缺点，减少由于软件需求不明确带来的开发风险，这种模型适合预先不能确切定义需求的软件系统的开发。

2）模型的缺点

所选用的开发技术和工具不一定符合主流的发展；快速建立起来的系统结构加上连续的修改可能会导致产品质量低下。使用这个模型的前提是要有一个展示性的产品原型，因此在一定程度上可能会限制开发人员的创新。

2.4.4 敏捷开发模型

1. 模型简介

敏捷开发（Agile Development）以用户的需求进化为核心，采用迭代、循序渐进的方法进行软件开发。在敏捷开发中，软件项目在构建初期被切分成多个子项目，各个子项目的成果都经过测试，具备可视、可集成和可运行使用的特征。换言之，就是把一个大项目分为多个相互联系，但也可独立运行的小项目，并分别完成，在此过程中软件一直处于可使用状态。

2. 敏捷开发与传统开发方法的比较

1）优　点

敏捷开发具有高适应性、以人为本的特性和轻量型的开发方法（即以测试为驱动取代了以文档为驱动）这三个主要的特点，也就是敏捷开发相对于传统开发方式的主要优点。因为其更加灵活并且更加充分地利用了每个开发者的优势，调动了每个人的工作热情。

2）缺　点

与传统开发方式相比，敏捷开发最主要的劣势在于敏捷开发欢迎新的需求，而新的需求产生时可能引起整个系统的大幅修改。因为开发者在开发上一个版本的时候，不会考虑如何进行优化。这样的开发方式在实际的软件开发过程中，并不一定总是有效的。

而另一个方面，敏捷开发因为缺乏很多在敏捷开发中被认为"不重要"的文档，这样在开发一个大型项目（如一个操作系统）的时候，由于其项目周期很长，所以很难保证开发的人员不更换，而没有文档就会造成交接过程困难。

3. 分布式敏捷开发

分布式敏捷开发团队并不适合所有组织，拥有一个已经建立的分布式敏捷开发工作文化对分布式团队很重要。有些公司一直坚持"面对面"，这给分布式敏捷站立会议的开发增加了难度。

但是如果文化一直就已经存在，那么开展敏捷站立会议和其他会议就会很容易。其中一个选择就是使分散的团队成员按照同一计划表工作，即时区不一致。如果团队成员同意，且时差不超过几个小时，便会有效。

2.4.5 迭代式开发模型

1. 模型概述

迭代模型是 RUP（Rational Unified Process，统一软件开发过程）推荐的周期模型，如图 2-8 所示。在 RUP 中，迭代被定义为：迭代包括产生产品发布（稳定、可执行的产品版本）的全部开发活动和要使用该发布必需的所有其他外围元素。因此，在某种程度上，开发迭代是一次完整地经过所有工作流程的过程：（至少包括）需求工作流程、分析设计工作流程、实施工作流程和测试工作流程。

实质上，它类似小型的瀑布式项目。RUP 认为，所有的阶段（需求及其他）都可以细分为迭代。每一次的迭代都会产生一个可以发布的产品，这个产品是最终产品的一个子集。

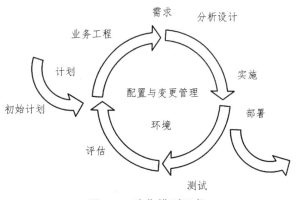

图 2-8　迭代模型思想

2. 模型使用条件

迭代模型适合以下情况：

（1）在项目开发早期需求可能有所变化。

（2）分析设计人员对应用领域很熟悉。

（3）高风险项目。

（4）用户可不同程度地参与整个项目的开发过程。

（5）使用面向对象的语言或统一建模语言（Unified Modeling Language，UML）。

（6）使用 CASE（Computer Aided Software Engineering，计算机辅助软件工程）工具，如 Rose（Rose 是非常受欢迎的物件软件开发工具）。

（7）具有高素质的项目管理者和软件研发团队。

3. 模型的优点

与传统的瀑布模型相比较，迭代过程具有以下优点：

（1）降低了在一个增量上的开支风险。如果开发人员重复某个迭代，那么损失只是这一个开发有误的迭代的花费。

（2）降低了产品无法按照既定进度进入市场的风险。通过在开发早期就确定风险，可以尽早来解决而不致在开发后期匆匆忙忙。

（3）加快了整个开发工作的进度。因为开发人员清楚问题的焦点所在，他们的工作效率会更高。

（4）由于用户的需求并不能在一开始就作出完全的界定，它们通常是在后续阶段中不断细化的。因此，迭代过程这种模式使得调节需求的变化会更容易些。

2.4.6 增量式开发模型

1. 模型概述

增量模型（Incremental Model）融合了瀑布模型的基本成分（重复应用）和原型实现的迭代特征，该模型采用随着日程时间的进展而交错的线性序列，每一个线性序列产生软件的一个可发布的"增量"。当使用增量模型时，第一个增量往往是核心的产品，即第一个增量实现了基本的需求，但很多补充的特征还没有发布。客户对每一个增量的使用和评估都作为下一个增量发布的新特征和功能，这个过程在每一个增量发布后不断重复，直到产生了最终的完善产品。增量模型强调每一个增量均发布一个可操作的产品。模型结构如图 2-9 所示。

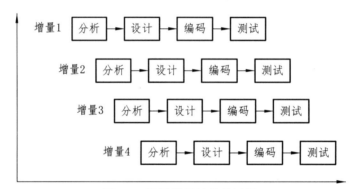

图 2-9　增量模型的软件过程

增量模型与原型实现模型和其他演化方法一样，本质上是迭代的，但与原型实现不一样的是其强调每一个增量均发布一个可操作产品。早期的增量是最终产品的"可拆卸"版本，但提供了为用户服务的功能，并且为用户提供了评估的平台。

2. 模型的优缺点

1）模型的优点

采用增量模型的优点是人员分配灵活，刚开始不用投入大量人力资源。如果核心产品很受欢迎，则可增加人力实现下一个增量。当配备的人员不能在设定的期限内完成产品时，它提供了一种先推出核心产品的途径。这样即可先发布部分功能给客户，对客户起到"镇静剂"的作用。此外，增量模型能够有计划地管理技术风险。

2）增量模型的缺点

（1）由于各个构件是逐渐并入已有的软件体系结构中的，所以加入构件必须不破坏已构造好的系统部分，这需要软件具备开放式的体系结构。

（2）在开发过程中，需求的变化是不可避免的。增量模型的灵活性可以使其适应这种变化的能力大大优于瀑布模型和快速原型模型，但也很容易退化为边做边改模型，从而使软件过程的控制失去整体性。

（3）如果增量包之间存在相交的情况且未能很好处理，则需要重做系统分析，这种模型将功能细化后分别开发的方法较适应于需求经常改变的软件开发过程。

2.4.7　螺旋开发模型

1. 模型概述

螺旋模型（Spiral Model）是一种演化软件开发过程模型，它兼顾了快速原型的迭代的特征，以及瀑布模型的系统化与严格监控。螺旋模型最大的特点在于引入了其他模型不具备的风险分析，使软件在无法排除重大风险时有机会停止，以减小损失。同时，在每个迭代阶段构建原型是螺旋模型用以减小风险的途径。螺旋模型更适合大型的、昂贵的、系统级的软件应用。模型结构如图 2-10 所示。

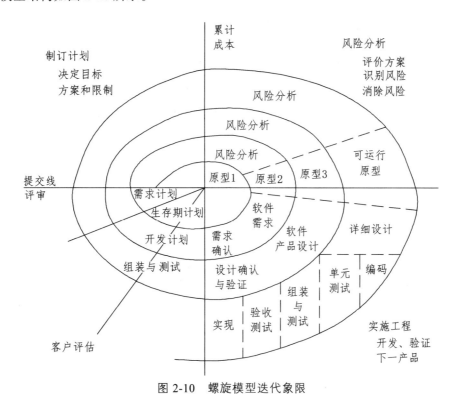

图 2-10　螺旋模型迭代象限

2．模型的特点

1）模型象限

螺旋模型沿着螺线进行若干次迭代，图 2-10 中的四个象限代表以下活动：

（1）制订计划：确定软件目标，选定实施方案，弄清项目开发的限制条件；

（2）风险分析：分析评估所选方案，考虑如何识别和消除风险；

（3）实施工程：实施软件开发和验证；

（4）客户评估：评价开发工作，提出修正建议，制订下一步计划。

螺旋模型由风险驱动，强调可选方案和约束条件从而支持软件的重用，有助于将软件质量作为特殊目标融入产品开发之中。

2）限制条件

（1）螺旋模型强调风险分析，但要求许多客户接受和相信这种分析，并做出相关反应是不容易的，因此，这种模型往往适应于内部的大规模软件开发。

（2）如果执行风险分析将大大影响项目的利润，那么进行风险分析毫无意义，因此，螺旋模型只适合于大规模软件项目。

（3）软件开发人员应该擅长寻找可能的风险，准确地分析风险，否则将会带来更大的风险。

3．模型的优缺点

1）模型的优点

（1）设计上的灵活性，可以在项目的各个阶段进行变更。

（2）以小的分段来构建大型系统，使成本计算变得简单容易。

（3）客户始终参与每个阶段的开发，保证了项目不偏离正确方向以及项目的可控性。

（4）随着项目推进，客户始终掌握项目的最新信息，从而能够和管理层有效地交互。

（5）客户认可这种公司内部的开发方式带来的良好的沟通和高质量的产品。

2）模型的缺点

（1）采用螺旋模型需要具有相当丰富的风险评估经验和专门知识，在风险较大的项目开发中，如果未能够及时标识风险，势必造成重大损失。

（2）过多的迭代次数会增加开发成本，延迟提交时间。

2.4.8　演化开发模型

1．模型概述

演化模型（Evolutionary Model）可以表示为：第一次迭代（需求→设计→实现→测试→集成）→反馈→第二次迭代（需求→设计→实现→测试→集成）→反馈→……

即根据用户的基本需求，通过快速分析构造出该软件的一个初始可运行版本，这个初始的软件通常称之为原型，然后根据用户在使用原型的过程中提出的意见和建议对原型进行改进，获得原型的新版本。重复这一过程，最终可得到令用户满意的软件产品。采用演化模型的开发过程，实际上就是从初始的原型逐步演化成最终软件产品的过程。演化模型特别适用于对软件需求缺乏准确认识的情况。

2. 模型的特点

演化模型主要针对事先不能完整定义需求的软件开发。用户可以给出待开发系统的核心需求，并且当看到核心需求实现后，能够有效地提出反馈，以支持系统的最终设计和实现。软件开发人员根据用户的需求，首先开发核心系统。当该核心系统投入运行后，用户进行试用来完成他们的工作，并提出精化系统、增强系统能力的需求。软件开发人员根据用户的反馈，实施开发的迭代过程。每一迭代过程均由需求、设计、编码、测试、集成等阶段组成，为整个系统增加一个可定义的、可管理的子集。在开发模式上采取分批循环开发的办法，每循环开发一部分的功能，它们成为这个产品的原型的新增功能。于是，设计就不断地演化出新的系统。实际上，这个模型可看作是重复执行的多个瀑布模型。

演化模型要求开发人员有能力把项目的产品需求分解为不同组，以便分批循环开发。这种分组并不是绝对随意性的，而是要根据功能的重要性及对总体设计的基础结构的影响而作出判断。有经验指出，每个开发循环以六周到八周为适当的长度。

3. 模型的优缺点

1）演化模型的优点

（1）任何功能一经开发就能进入测试，以便验证是否符合产品需求。

（2）帮助导引出高质量的产品要求。如果没有可能在开始弄清楚所有的产品需求，它们可以分批取得。而对于已提出的产品需求，则可根据对现阶段原型的试用而作出修改。

（3）风险管理可以在早期就获得项目进程数据，可据此对后续的开发循环作出比较切实的估算，提供机会去采取早期预防措施，增加项目成功的概率。

（4）有助于早期建立产品开发的配置管理、产品构建、自动化测试、缺陷跟踪、文档管理，均衡整个开发过程的负荷。

（5）开发中的经验教训能反馈应用于本产品的下一个循环过程，大大提高质量与效率。

（6）如果风险管理发现资金或时间已超出可承受的程度，则可以决定调整后续的开发，或在一个适当的时刻结束开发，但仍然有一个具有部分功能的、可工作的产品。

（7）心理上，开发人员早日见到产品的雏形，是一种鼓舞。

（8）使用户可以在新的一批功能开发测试后，立即参加验证，以便提供非常有价值的反馈。

（9）可使销售工作有可能提前进行，因为可以在产品开发的中后期取得包含主要功能的产品原型去向客户进行展示和试用。

2）模型的缺点

（1）如果所有的产品需求在开始并不能完全弄清楚，会给总体设计带来困难及削弱产品设计的完整性，并因而影响产品性能的优化及产品的可维护性。

（2）如果缺乏严格的过程管理，这个生命周期模型很可能退化为一种原始的无计划的"试-错-改"模式。

（3）心理上，可能产生一种尽最大努力的想法，认为虽然不能完成全部功能，但还是造出了一个有部分功能的产品。

（4）如果不加控制地让用户接触开发中尚未测试稳定的功能，可能对开发人员及用户都产生负面的影响。

2.4.9　喷泉开发模型

1. 模型概述

喷泉模型（Fountain Model）是一种以用户需求为动力，以对象为驱动的模型，主要用于描述面向对象的软件开发过程。该模型认为软件开发过程自下而上周期的各阶段是相互重叠和多次反复的，就像水喷上去又可以落下来，类似一个喷泉。各个开发阶段没有特定的次序要求，并且可以交互进行，可以在某个开发阶段中随时补充其他任何开发阶段中的遗漏。

采用喷泉模型的软件开发过程如图 2-11 所示。

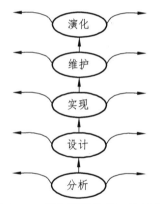

图 2-11　喷泉模型软件开发过程

喷泉模型主要用于面向对象的软件项目，软件的某个部分通常被重复多次，相关对象在每次迭代中随之加入渐进的软件成分。各活动之间无明显边界，例如设计和实现之间没有明显的边界，这也被称为"喷泉模型的无间隙性"。由于对象概念的引入，表达分析、设计及实现等活动只用对象类和关系，从而可以较容易地实现活动的迭代和无间隙。

2. 模型的优缺点

1）模型的优点

喷泉模型不像瀑布模型那样，需要分析活动结束后才开始设计活动，设计活动结束后才开始编码活动。该模型的各个阶段没有明显的界限，开发人员可以同步进行开发。其优点是可以提高软件项目开发效率，节省开发时间，适用于面向对象的软件开发过程。

2）模型的缺点

喷泉模型在各个开发阶段是重叠的，因此在开发过程中需要大量的开发人员，不利于项目的管理。此外这种模型要求严格管理文档，使得审核的难度加大，尤其是面对可能随时加入各种信息、需求与资料的情况。

2.4.10　智能开发模型

1. 模型概述

智能模型（Intelligent Model）也称为"基于知识的软件开发模型"，它把瀑布模型和专家系统结合在一起，利用专家系统来帮助软件开发人员工作。该模型应用基于规则的系统，采用归纳和推理机制，使维护在系统规格说明一级进行。这种模型在实施过程中，以软件工程知识为基础的生成规则构成的知识系统，与包含应用领域知识规则的专家系统相结合，构成这一应用领域软件的开发系统。

采用智能模型的软件开发过程如图 2-12 所示。

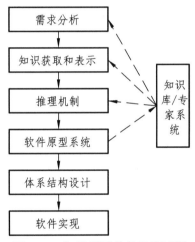

图 2-12　智能模型软件开发过程

2. 模型的特点

智能模型所要解决的问题是特定领域的复杂问题，涉及大量的专业知识，而开发人员一般不是该领域的专家，他们对特定领域的熟悉需要一个过程，所以软件需求在初始阶段很难定义得很完整。因此，采用原型实现模型需要通过多次迭代来精化软件需求。

智能模型以知识作为处理对象，这些知识既有理论知识，也有特定领域的经验。在开发过程中需要将这些知识从书本中和特定领域的知识库中抽取出来（即知识获取），选择适当的方法进行编码（即知识表示）建立知识库。将模型、软件工程知识与特定领域的知识分别存入数据库，在这个过程中需要系统开发人员与领域专家的密切合作。

2.5 新一代软件制造模式

在国家高度重视和大力扶持下，软件行业相关产业促进政策不断细化，资金扶持力度不断加大，知识产权保护措施逐步加强，软件行业在国民经济中的战略地位不断提升，行业规模也将不断扩大。但是，当前的软件制造过程特别是在交付过程中存在一些较为突出的问题，主要包括以下 8 个方面：

（1）交付进度难以估计。

（2）需求把控能力不足。

（3）软件质量无保障。

（4）软件可维护性差。

（5）文档资料欠缺或质量差。

（6）软件成本占计算机系统比例上升。

（7）软件开发生产效率低，供不应求。

（8）软件集成能力欠缺，废旧立新现象严重。

以上问题导致软件按时交付及按计划成本内交付持续处于低迷状态，制造业在其发展过程中也出现过类似的问题，然而随着智能制造及工业 4.0 的推进，制造业早已解决上述问题，软件行业是否能从中借鉴形成可执行的解决方案呢？

2.5.1 制造业发展史

1. 第一阶段——机器制造时代

18 世纪后期，以蒸汽机发明为特征的工业革命，直接导致的结果是机械生产代替了手工劳动，经济社会从以农业、手工业为基础转型到了以工业及机械制造带动经济发展的模式，促成了制造企业的雏形，企业形成了作坊式的管理模式。

2. 第二阶段——电气化与自动化时代

20 世纪初期—20 世 60 年代，第二次工业领域发生大变革，形成生产线生产的阶段。福特、斯隆开创了流水线、大批量生产模式，泰勒创立了科学管理理论，导致了制造技术的过细分工和制造系统的功能分解，形成了以科学管理为核心，推行标准化、流程化管理模式，使得企业的人与"工作"得以匹配。

3. 第三阶段——电子信息时代

在升级工业 2.0 的基础上，广泛应用电子与信息技术，使制造过程自动化控制程度再进一步大幅度提高，生产效率、良品率、分工合作、机械设备寿命都得到了前所未有的提高。在此阶段，工厂大量采用由 PC、PLC/单片机等真正电子、信息技术自动化控制 的机械设备进行生产。自此，机器能够逐步替代人类作业，不仅接管了相当比例的"体力劳动"，还接管了一些"脑力劳动"。生产组织形式也从工场化转变为现代大工厂，人类进入了产能过剩时代。

电子信息时代，企业在深化标准化管理（5S、QC 等）基础上，推行精益管理（看板、JIT 等），使得岗位得以标准化细分。

20 世纪 40 年代后，微电子技术、计算机技术、自动化技术得到迅速发展，推动了制造技术向高质量生产和柔性生产的方向发展。从 20 世纪 70 年代开始，受市场多样化、个性化的牵引及商业竞争加剧的影响，制造技术面向市场、柔性生产的新阶段，引发了生产模式和管理技术的革命，出现计算机集成制造、丰田生产模式（精益生产）。

4. 第四阶段——智能化时代

21 世纪开始，第四次工业革命将生产带入了"分散化"的新时代，将互联网、大数据、云计算、物联网等新技术与工业生产相结合，最终实现工厂智能化生产，让工厂直接与消费需求对接。企业的生产组织形式从现代大工厂转变为虚实融合的工厂，建立柔性生产系统，提供个性化生产。管理特点是从大生产变成个性化产品的生产组织，柔性化、智能化。

2.5.2 行业对比

如图 2-13 所示，通过对制造业发展历史分析可以发现其生成模式已经发生了转变，由手工生产为主转变为自动化设备生产为主。

图 2-13 制造业生产模式

制造业的这种转变也是经历了一段历程，如图 2-14 所示。

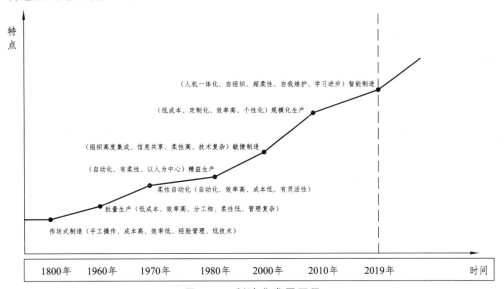

图 2-14 制造业发展历程

制造业分别经历了作坊制造、批量制造、柔性生产、精益化生产、敏捷制造、规模化生产、智能制造。

以软件开发方法的演变历史来看，从面向机器，到面向服务，软件制造模式有了一个质的飞越，但与制造业对比可以发现，制造业经历第四次工业革命后，已经发展到智能制造的阶段，而软件制造却仍然处在精益生产的地步，两者之间有着近 30 年的差距。

软件行业与制造业横向对比如图 2-15 所示。

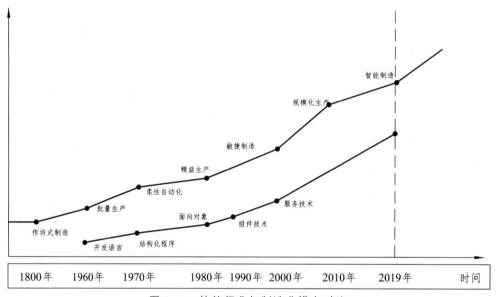

图 2-15　软件行业与制造业横向对比

通过制造业的演变历史可以看到，制造业近 30 年能发展到智能制造的地步全源于模式的转变，如表 2-1 所示。

表 2-1　制造业发展对比

	30 年前的制造业	近些年的制造业
模式	以劳动力密集型为主	以自动化生产工具为主
投入	持续投入人力成本	一次投入设备成本
产出	小批量生产	规模化生产
特点	生产效率低、质量不稳定、可维护性差、依赖高手	标准化程度高、质量稳定、可维护性强、不依赖高手

（1）生产模式由 30 年前的劳动密集型为主转变为现在以自动化生产工具为主。

（2)生产的投入与产出由 30 年前的持续投入人力成本而只能实现小批量产出转变为现在的一次投入设备成本就能实现规模化生产。

（3）生产的方式由小批量生产变成了规模化生产。

（4）生产的特点由依赖高手（高级技工）否则质量无法得到保障转变为由计算机集成制造，并且质量能够得到足够保障。

2.5.3 软件加工中心

为了解决软件开发面临的一系列问题，软件行业可全方位借鉴制造业的生产管理模式。制造业与软件行业的生产模式可从以下 6 个方面进行映射分析，如表 2-2 所示。

表 2-2 行业间模式映射分析

分析项目	软件行业	制造行业
方法	开发方法+步骤	工艺+工序
资源	代码+构件	原材料+组件
工具	开发工具	机床+设备
质量	软件测试	监测+评审
交付	上线+培训	运输+培训
运维	补丁+升级	维修+保养

（1）方法：制造行业使用的是工艺加工序进行制造，软件行业可使用开发方法加步骤进行软件制造。

（2）资源：制造行业需要的是原材料和组件，软件行业需要的资源可以是代码加构件。

（3）工具：制造行业使用的工具是机床和设备，软件行业使用的工具是开发工具。

（4）质量：制造行业通过检测加评审进行质量控制，软件行业通过软件测试进行质量控制。

（5）交互：制造行业完成交互需要进行运输和培训，软件行业要完成交互需要进行系统上线和培训。

（6）运维：制造行业通过维修加培训进行运维，软件行业通过补丁和系统升级进行运维。

基于这些核心思想提出了"软件加工中心"的概念，通过借鉴制造业加工模式对软件生产的管理、工具和方法进行升级和转换，软件开发从小团队敏捷开发到大规模协同转变形成标准化、规范化的软件加工（开发）流水线生产模式，如图 2-16 所示。

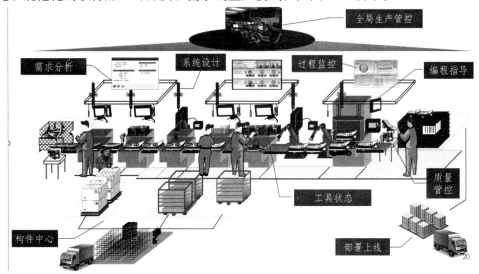

图 2-16 软件加工流水线

要建成"软件加工中心"就需要一套比较合适的方法为指导，因此提出了"核格方法论"（为保持行文简洁，后面以"方法论"简称）。

方法论并不是凭空产生的，而是在结合多年项目经验的基础上，梳理、理解及应用业界当前成熟的软件工程体系，再根据主流标准，进行集成整合、升华，能够对软件开发的全生命周期管理进行指导的一套方法论，该方法论具有以下特点：

（1）以软件工程领域的主流标准（国际、国家、行业）为支撑。

（2）梳理、理解及应用当前业界成熟的软件工程体系。

（3）结合多年的项目经验沉淀积累。

（4）以能够整合解决软件全过程生命周期管理为宗旨。

（5）以能够解决软件开发过程中普遍存在的问题为目标。

方法论通过在软件开发的管理、工具、标准规范的约束、开发文档、项目管控等方面形成标准，以此达到软件开发效率的提升和成本的降低。

1. 实施理念

1）业界的通常做法

（1）以"功能模块为中心"的调研过程。

（2）以开发人员视角描述的需求过程。

（3）以结构化建模为主的分析过程。

（4）以纵向结构为主的开发过程。

（5）以开发人员为主的测试过程。

（6）以集中式部署为主的运维过程。

（7）以阶段区分软件开发的整体过程。

经过长时间验证发现，业界通用做法还存在以下问题：

以"功能模块为中心"的调研过程：需求调研不完善，业务了解不全面；业务贯穿能力差，较难形成闭环。

以开发人员视角描述的需求过程：不能很好地站在客户角度思考问题。

以结构化建模为主的分析过程：忽略了业务的完整性，造成需求不完全、不完善。

以纵向结构为主的开发过程：要求开发人员水平高，从前台页面到后台逻辑以及数据库等方面全面贯通。

以开发人员为主的测试过程：浪费人力，效率低下。

以集中式部署为主的运维过程：出错影响大，升版只能停机，修改不能很好回滚。

以阶段区分软件开发的整体过程：阶段割裂，前后不连贯，不能很好地贯穿整个软件开发过程，没有形成统一的整体，不能很好地收集和反馈问题。

2）方法论的做法

为了避免这些问题，方法论提出了以下7点做法：

（1）以"业务场景为中心"的调研过程。

（2）以故事化、剧情化的需求描述过程。

（3）以面向对象为主、结构化建模为辅的分析过程。

（4）以构件化、服务化为主的设计过程。

（5）以图形化、可视化为主的开发过程。

（6）以自动化工具为主的测试过程。

（7）以分布式、服务化为主的部署运维过程。

2．涵盖范围

软件加工中心涵盖范围包括软件开发全过程管理、全流程规范体系支撑、一体化平台工具、各环节评价治理体系。

（1）软件开发全过程管理：方法论总体过程是技术实现+管理过程。从需求管理开始，在系统设计、服务开发、部署实施、系统测试及运维管理等阶段，全过程管理理念贯穿实施。

（2）全流程规范体系支撑：以从项目实践和主流标准规范体系中分析总结汇总的，能牵引平台工具顺利推进项目的，能够与主流行业融合的，同时又可以从项目实践中不断吸取经验，不断演进的整套体系标准作为支撑。

（3）一体化平台工具：形成以核格制造平台为基础，集成基于统一建模过程的需求管理、基于 SOA 的服务开发、基于大数据的分布式过程、基于 H5 移动开发等为一体的贯穿执行方法论落地的软件过程化平台。

（4）各环节评价治理体系：建立全面的质量评价评估体系，从需求管理到运维实施全过程通过自动化工具、实施标准规范、人工干预等手段，不断从项目建设、平台研发、管理过程等方面进行有效的审计和评价，不断促进优化整个方法论体系。

3．开发模型

从轻理论重工程的开发模式，向理论和工程结合落地的模式转变，并采用螺旋开发模型进行全过程管控。

4．工具体系

针对传统软件开发过程需使用多款软件造成制造效率低的问题，围绕软件工程全生命周期，通过方法论与分布式一体化开发平台结合，使软件开发从原来零散工具到全过程一体化工具的转变，如图 2-17 所示。

图 2-17　全过程工具体系

最底层是面向 SOA 的基础设施，通过构件服务中心对所有平台进行构件管理。一体化平台一体化工具采用可视化开发的方式，使软件开发从原来的面向底层的代码开发到一体化工具支撑的开发模式。

一体化工具支撑的开发模式如图 2-18 所示。

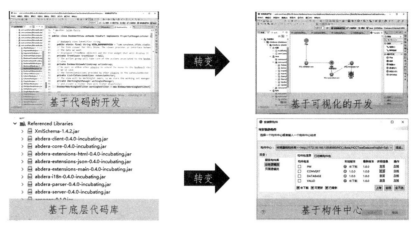

图 2-18　一体化工具支撑

5. 标准与规范支撑体系

针对软件项目在各环节标准不统一、约束不强等问题，围绕软件全生命周期各环节，结合软件工程领域的主流标准，让软件全生命周期各环节都有标准规范进行约束，使得软件开发从以经验指导为主的开发模式，向标准化规范化为主的开发模式转变。软件全生命周期各环节的标准规范如图 2-19 所示。

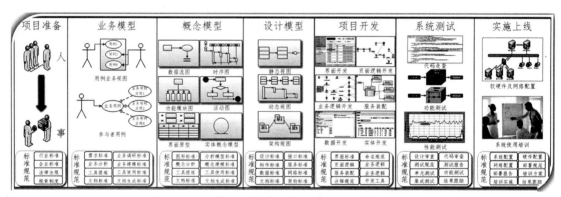

图 2-19　软件全生命周期各环节的标准规范

各阶段的主要核心规范标准如下：

项目准备：行业标准、企业标准、法律法规、规章制度。

业务建模：需求标准、业务分析标准、工具提炼标准、文档标准、业务调研标准、业务建模标准、工具使用标准、文档生成标准

概念模型：图形标准、概念分析规范、工具提炼规范、文档标准、分析模型标准、概念建模标准、工具使用标准、文档生成标准。

设计模型：设计标准、构件标准、数据标准、文档标准、接口标准、服务标准、网络标准、架构标准。

项目开发：界面标准、页面逻辑开发规范、服务装配开发规范、注释规范开发规范、命名规范、业务逻辑开发规范、业务逻辑开发规范、开发工具使用规范。

系统测试：设计审查标准、测试规范、单元测试规范、集成测试规范、代码审查规范、测试报告编写规范、功能测试规范、结果跟踪规范。

实施上线：系统配置规范、网络配置规范、部署报告编写规范、培训实施规范、硬件配置规范、部署规范、培训方案编写规范、结果跟踪规范。

6. 软件工程转移跟踪矩阵

针对软件工程在各阶段推导关联性不强的问题，围绕软件项目开发需求到设计、设计到制造的过程中各个环节，通过软件工程转移跟踪矩阵进行关联推导，使得软件项目开发形成向下可推导、向上可追溯的支撑体系。软件工程转移跟踪矩阵如图 2-20 所示。

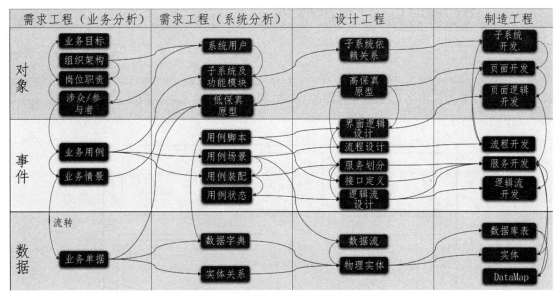

图 2-20 软件工程转移跟踪矩阵

2.6 小 结

本章通过软件开发的发展史与制造业的发展史进行对比，得出软件业与制造业发展历程的相似性，应借鉴制造业，推导出"软件加工中心"，要建成"软件加工中心"需要有核格方法论[开发模式（瀑布+螺旋）+SOA+一体化平台+微服务+DevOps]作为指导，接着阐述方法论的理念和传统的做法有什么区别和联系，重点强调不是颠覆原来的东西，而是在原来的技术上进行集成整合升华。

第 3 章 SOA 的开发方法

本章介绍 SOA 的开发环境、方法、核心技术以及 SOA 在方法论中的应用，形成了基于 SOA 系统开发的软件开发工具。

3.1 SOA 的开发环境及现状

在面向服务的软件开发环境中，系统可以是高度分布、异构的。它一般包括服务运行时环境（Service Runtime）、服务总线（Service Integration Infrastructure）、服务网关（Service Gateway）、服务注册库（Service Registry）和服务组装引擎（Service Choreography Engine）等，如图 3-1 所示。

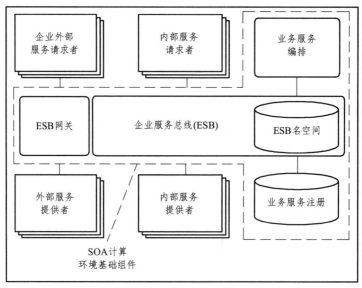

图 3-1　SOA 软件开发环境的组成要素

服务运行时环境提供服务（和服务组件）的部署、运行和管理能力，支持服务编程模型，保证系统的安全和性能等质量要素；服务总线提供服务中介的能力，使得服务使用者能够以技术透明和位置透明的方式来访问服务；服务注册库支持存储和访问服务的描述信息，是实现服务中介、管理服务的重要基础；而服务组装引擎，则将服务组装为服务流程，完成一个业务过程；服务网关用于在不同服务软件开发环境的边界进行服务翻译，比如安全。

面向服务的软件开发环境是开放的、标准的，由图 3-2 所示的技术标准协议栈所定义和支持，例如 Transport 层的 HTTP 协议、Service DescrIPtion 层的 WSDL、Business Process 层的 WS-CDL 等、与 Policy 相关的 WS-Policy。本书后面的章节将讨论所有统称为 WS-*的标准和协议。

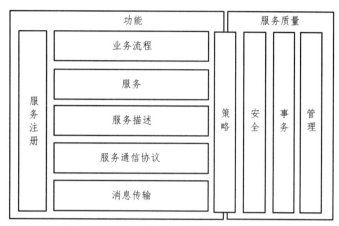

图 3-2　SOA 软件开发环境的标准协议栈

面向服务的软件开发环境，为 IBM 所定义的随需应变软件开发环境奠定了现实基础。随需应变软件开发环境应具备以下特点（见图 3-3）。

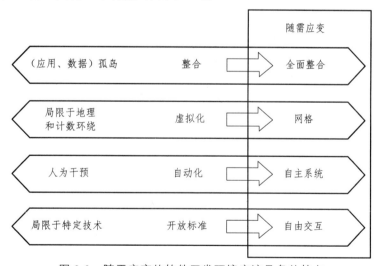

图 3-3　随需应变的软件开发环境应该具备的特点

（1）整合：将人、过程、应用和数据全面整合起来。

（2）虚拟化：将分布、异构的物理资源（服务器、存储设备等）整合起来，呈现为统一的逻辑对象，以安全和可管理的方式供使用。

（3）自主计算：如同生物体一样，系统具备一些高级生物系统的能力，包括自我诊断和修复问题，自动配置和调整以适应环境的变化，自动优化资源的使用效率、增强工作负荷的处理的能力，自我保护数据和信息的安全。

（4）开放标准：整个环境建立在开放的标准之上，保证系统的交互性。

3.2 SOA 的主要技术和标准

3.2.1 SOA 的主要组件

在 3.1 节中提到 SOA 软件开发环境的主要组件包括服务运行时环境、服务总线、服务注册库、服务网关和流程引擎。通常，它还会包括服务管理、业务活动监控（Business Activity Monitoring）和业务绩效管理（Business Performance Management，BPM）。另外，在服务建模、开发和编排服务等方面，还需要相应的工具来支持。在分析、设计方面，普遍需要基于服务的分析、设计方法，就是通常说的服务建模，包括服务的识别、定义和实现策略，其输出是一个服务模型（Service Model）。

3.2.2 SOA 的主要技术和标准

Web 服务作为实现 SOA 中服务的最主要手段。首先来了解与 Web Service 相关的标准，它们大多以 "WS-" 作为名字的前缀，所以统称 "WS-*"。Web 服务最基本的协议包括 UDDI、WSDL 和 SOAP，通过它们，可以提供直接而又简单的 Web Service 支持，如图 3-4 所示。

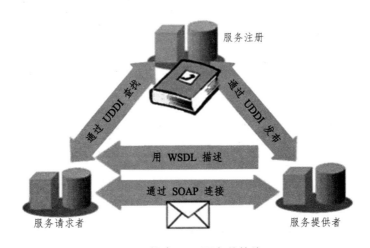

图 3-4　基本 Web 服务的协议

但是基本协议无法保证企业计算需要的安全性和可靠性，所以需要增加诸如 WS-Security、WS-Reliability 和 WS-ReliableMessaging 等协议；对于复杂的业务场景，还要 WS-BPEL 和 WS-CDL 这样的语言来将多个服务编排成为业务流程；管理服务的协议有 WS-Manageability、WSDM 等。目前在 SOA 产品和实践中，除了基本协议外，比较重要的还包括 BPEL、WS-Security、WS-Policy 和 SCA/SDO。

3.3 SOA 的分析和设计方法

SOA 面向服务的分析和设计分为服务发现、服务规约和服务实现。服务的实现包括服务、组件和服务组装的实现。

为了开始面向服务的分析和设计，以下输入需要被用在分析和设计的过程中。

（1）业务领域（Business Domain）和业务功能域（Business Function Area）。业务领域和业务功能域的划分勾勒了目标企业的业务结构，它一方面有助于从全局的角度来理解目标企业的业务，另一方面也是进行组织服务层次结构的重要依据。

（2）业务流程（Business Process）。业务流程，尤其是第一级的业务流程，对企业经营全局至关重要。通常，通过第一级的业务流程可以追溯到企业中最为重要的业务活动，因此第一级业务流程是进行服务分析和设计的主要入口点。

（3）业务目标（Business Goal）。组织和业务流程都为业务目标服务，为了完成业务目标，组织和业务流程都有可能进行适当的调整。分析业务目标在有些时候可以有助于发现一些通过业务流程分析遗漏的服务；与此同时，业务目标也是服务描述中一部分重要的内容。

（4）现有系统（Existing System）。现有系统是目前业务活动和业务流程的写照，通过分析现有系统模块和功能，能够帮助发现服务。与此同时，对于现有系统的分析和理解是进行服务实现设计的重要前提。

在掌握了业务领域划分、业务流程、业务目标和现有系统后，按照三个阶段来进行服务分析和设计——发现服务、描述服务和服务实现，如图 3-5 所示。在三个阶段的分析和设计过程中，分析和设计人员还需要借助于传统方法中的一些素材，如业务环境和业务用例、IT 环境、当前应用或组件的模型和设计等，从而完成与现有业务和 IT 紧密结合的服务规范和服务设计。在运用的过程中，这三个阶段并不是一次性完成的，一般需要一个迭代的过程。另外，从企业范围而言，分析和确定的服务模型也有一个演化的过程，并逐渐地精化，越来越贴近业务。

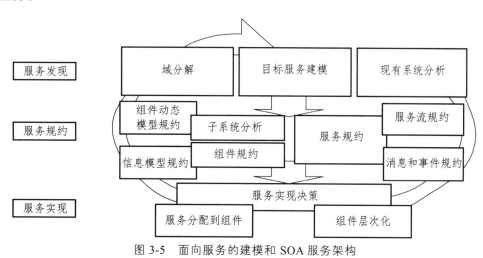

图 3-5 面向服务的建模和 SOA 服务架构

3.3.1 服务发现

服务发现是进行服务分析和设计的第一步。服务发现的主要任务，是确定在一定范围内（通常是企业范围，或若干关键业务流程范围内）可能成为服务的候选者列表。

目前有三种方式发现服务的候选者，它们分别是自上而下的领域分解、自下而上的现有系统分析和中间对齐的业务目标建模。

1. 自上而下（领域分解）方式

自上而下的领域分解方式从业务着手进行分析，选择端到端的业务流程进行逐层分解至业务活动，并对其间涉及的业务活动和业务对象进行变化分析。

业务组件模型是业务领域分解的输入之一。业务组件模型是一种业务咨询和转型的工具，它根据业务职责、职责间的关系等因素，将业务细分为业务领域、业务执行层次和业务组件。由于企业内部和外部环境的不同，每个业务组件在成本、投资、竞争力等方面不尽相同，因此，每个业务组件在企业发展的过程中战略职责和演化的路径也是不同的，于是由于角度的不同，就形成了所谓的业务组件的"热点视图"。SOA是一种特别强调业务和IT互动的技术。对于面向服务的分析和设计，业务组件模型提供了进行服务划分的依据，而且这种划分的方法可以平滑地从业务视图细化到服务视图。

端到端的业务流程是业务领域分解的另一个输入。将业务流程分解成子流程或者业务活动，逐级进行，直到每个业务活动都是具备业务含义的最小单元。流程分解得到的业务活动树上的每一个节点，都是服务的候选者，构成了服务候选者组合。业务领域分解可以帮助发现主要的服务候选者，加上自下而上和中间对齐方式发现的新服务候选者，最终会构成一个服务候选者列表。在SOA的方法中，服务是业务组件间的契约，因此将服务候选者划分到业务组件，是服务分析中不可或缺的一步。服务候选者列表经过业务组件的划分，会最终形成层次化的服务目录。

变化分析的目的是将业务领域中易变的部分和稳定的部分区分开来，通过将易变的业务逻辑及相关的业务规则剥离出来，来保证未来的变化不会破坏现有设计，从而提升架构应对变化的能力。变化分析可能会从在未来需求的分析中发现一些新的服务候选者，这些服务候选者需要加入服务候选者目录中。

2. 自下而上（已有资产分析）方式

自下而上的已有资产分析方式的目的是利用已有资产来实现服务，已有资产包括已有系统、套装或定制应用、行业规范或业务模型等。

通过对已有资产的业务功能、技术平台、架构及实现方式的分析，除了能够验证服务候选者或者发现新的服务候选者，还能够通过分析已有系统、套装或定制应用的技术局限性，尽早验证服务实现决策的可行性，为服务实现决策提供重要的依据。

3. 中间对齐（业务目标建模）方式

中间对齐的业务目标建模方式的目的是帮助发现与业务对齐的服务，并确保关键的服务在流程分解和已有资产分析的过程中没有被遗漏。

业务目标建模将业务目标分解成子目标，然后分析哪些服务是用来实现这些子目标的。在这个过程中，为了可以度量这些服务的执行情况并进而评估业务目标，我们会发现关键业务指标、度量值和相关的业务事件。

结合这三种方式的分析，我们发现服务候选者组合，并按照业务范围划分为服务目录。同时为服务规约做好其他准备，如通过对已有资产分析进行的技术可行性评估，通过业务目标建模发现的业务事件等。

3.3.2 服务规约

经过服务发现阶段，服务目录基本形成，但是对于每个服务本身的属性信息依然零散。为了能够将服务作为业务和 IT 层面互动的契约，服务规约阶段是必不可少的。服务规约阶段的主要任务是规范性地描述服务各个方面的属性，包括输入/输出消息等功能性属性、服务安全约束和响应时间等服务质量约束，以及服务在业务层面的诸多属性（如涉及的业务规则、业务事件、时间/人员消耗等）。与此同时，规范描述服务相关方面的关系也很重要，如服务间依赖关系、服务和业务组件间关系、服务和 IT 组件间关系和服务消息间关系等。

进行服务暴露决策是服务规约的第一步。理论上所有的服务候选者都可以暴露为服务，但是一旦暴露为服务，该服务候选者就必须满足附加的安全性、性能等方面的要求。企业还必须为服务的规划、设计、开发、维护、监管支付额外的开支，因此，我们会根据一定的规则来决定将哪些服务候选者暴露为服务。

这些规则包含以下 3 个方面：

（1）业务对齐。该服务候选者可以支持相关的业务流程和业务目标。

（2）可组装。该服务候选者满足技术中立、自包含及无状态等特点，同时还满足符合应用的相关非功能性需求。

（3）可重用。该服务候选者可以在不同的应用、流程中重用，从而减少重复的功能实现，降低开发和维护的成本。

基于企业应用开发的经验，我们还可以有其他一些方面的考虑。

经过服务暴露决策后，层次化的服务目录基本形成。下一步是结合传统的方法学对服务各方面属性进行描述。这里说的传统的方法学是指企业架构，面向对象的分析和设计等。在企业架构方法学的产物中，企业数据模型有助于服务消息的定义，IT 组件模型有助于服务和 IT 组件间关系的描述，企业安全架构有助于服务安全约束规约，企业基础设施架构有助于服务质量的描述。在面向对象分析和设计的产物中，业务用例和系统用例有助于服务消息、服务相关业务规则和业务事件等描述，组件静态模型和动态模型有助于描述服务间关系。

经过服务规约，服务组件（企业组件）和服务的各个方面的属性被规范下来，它会成为业务和 IT 层面互动的基础。以后，业务对 IT 的新需求会体现为服务层面的变更，IT 层面的变化会尽量遵循服务规约。在 SOA 监管的配合下，任何对服务规约的变更都是可管理和可控制的。

3.3.3 服务实现

经过服务规约阶段，作为业务和 IT 互动的服务契约已经形成。但是服务契约和 IT 的现状还是有很大差距的，如与某个服务对应的业务逻辑分散于不同的应用中，分散在不同的地域，某些服务目前主要依靠人工完成，还没有 IT 层面的实现。

为了将服务契约落在实地，服务实现阶段通过差距分析，并结合传统方法学完成每个服务实现决策。其中主要内容如下：

（1）现有系统分析：调研现有系统架构，了解架构风格、主要架构元素和能力，以及架构元素的基本特征；调研现有应用，了解应用的主要功能、对外接口和技术实现特征等。如果应用构建已经遵循基于组件开发规范，则编制应用已有组件目录；如果应用并没有组件化，将应用覆盖的业务功能和服务规约确定的企业组件进行映射，确定应用现有"组件"目录。

（2）确定服务分配：通过服务组件和现有系统分析确定的 IT 组件间差距分析，确定服务组件和 IT 组件间映射关系。例如，一个服务组件对应一个或多个 IT 组件，没有 IT 组件和服务组件对应，没有服务组件和 IT 组件对应，服务组件和 IT 组件对应时有能力缺失或不匹配等。经过差距分析，一些服务中介被确定下来去实现服务路由，或确定消息格式等不匹配现象，一些新的 IT 组件被确定下来，如实现某业务流程的组件或实现人工服务的组件等。最终，服务组件都被映射到 IT 组件上，从而完成服务分配。

（3）服务实现决策：服务分配仅仅确定了需要哪些组件来实现服务，但是并没有实现的策略和技术层面的决策。服务实现决策首先帮助确定服务实现策略，是在现有基础上进行服务包装，还是重新构建，如果重新构建，是采用已经包装好的应用，还是外包，或者自己构建；如果是服务包装，有哪些候选方案等。通常服务实现决策和传统的架构决策是关联在一起的。

（4）服务基础设施设计：服务的功能实现、非功能需求的满足都需要服务基础设施的支持。在进行服务实现决策后，需要根据具体的需求确定服务基础设施的能力，如用于支撑人工服务的人工服务容器、用于支撑服务编排的流程引擎等。

将服务实现阶段的各种产物和传统设计方法结合起来，就可以开始指导实际服务实现的实施。

3.4 SOA 的设计原则

软件开发是一件很难的事情，因为要处理的问题越来越复杂，处理这种复杂性问题最常用的手段就是抽象。回顾历史，抽象层次越来越多，反映在各个方面，从编程语言、平台、开发过程、工具到模式。尤其是模式，大量出现在那些结构上设计得很好的软件系统中，无论是微观层次上（对象、组件）稳定出现的结构范式，还是在宏观层面上出现的架构模式。使用哪些抽象手段来为问题域建模？如何定义组成部分之间的协作和结构关系？如何定义从外界所看到的系统结构和行为？是什么设计原则在指导架构决策？有什么最佳实践和模式可供借鉴？所有这些，形成了不同设计风格和体系结构范式（Architecture Paradigm）。

通常，一种体系结构范式，包括设计原则，来自实践的结构式样、组成要素和关系，以及在整个开发生命周期中它们是如何被识别、描述和控制的。体系结构从过去单个应用包罗一切的客户/服务器的模式，逐渐演变到三层和多层结构的各种分布式计算模式。今天，人们开始谈论和实践面向服务、更加分布化的架构范式。

从抽象手段而言，SOA 在原有方法的基础上，增加了服务、流程等元素，其概念模型架构如图 3-6 所示。

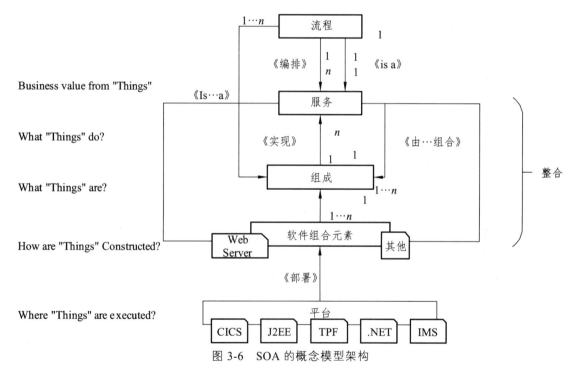

图 3-6 SOA 的概念模型架构

如何利用这些抽象手段，将一个业务需求转化为流程、服务，进一步建模为服务组件，然后结合具体实现环境，在重用已有系统的功能和数据资源的基础上来实现？IBM 总结的 SOA 架构概念模式如图 3-7 所示。

SOA 架构中，继承了来自对象和组件设计的各种原则，如封装、自我包含等。那些保证服务的灵活性、松散耦合和重用能力的设计原则，对 SOA 架构来说同样是非常重要的。

结构上，服务总线是 SOA 的架构模式之一。

关于服务，一些常见和讨论的设计原则如下：

（1）无状态：以避免服务请求者依赖于服务提供者的状态。

（2）单一实例：避免功能冗余。

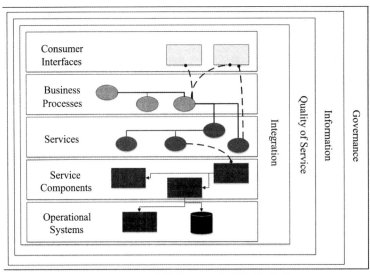

图 3-7　IBM 总结的 SOA 架构概念模式

（3）明确定义的接口：服务的接口由 WSDL 定义，用于指明服务的公共接口与其内部专用实现之间的界线。WS-Policy 用于描述服务规约，XML 模式（Schema）用于定义所交换的消息格式（即服务的公共数据）。使用者依赖服务规约来调用服务，所以服务定义必须长时间稳定，一旦公布，不随意更改；服务的定义应尽可能明确，减少使用者的不适当使用；不要让使用者看到服务内部的私有数据。

（4）自包含和模块化：服务封装了那些在业务上稳定、重复出现的活动和组件，实现服务的功能实体是完全独立自主的，独立进行部署、版本控制、自我管理和恢复。

（5）粗粒度：服务数量不应该太大，依靠消息交互而不是远程过程调用（RPC），通常消息量比较大，但是服务之间的交互频度较低。

（6）服务之间的松耦合性：服务使用者看到的是服务的接口，其位置、实现技术、当前状态等对使用者是不可见的，服务私有数据对服务使用者是不可见的。

（7）重用能力：服务应该是可以重用的。

（8）互操作性、兼容和策略声明：为了确保服务规约的全面和明确，策略成为一个越来越重要的方面。这可以是技术相关的内容，比如一个服务对安全性方面的要求；也可以是跟业务有关的语义方面的内容，比如需要满足的费用或者服务级别方面的要求，这些策略对于服务在交互时是非常重要的。WS-Policy 用于定义可配置的互操作语义，来描述特定服务的期望，控制其行为。在设计时，应该利用策略声明确保服务期望和语义兼容性方面的完整和明确。

3.5　SOA 的业务流程编排技术

从亨利·福特通过装配线生产汽车开始，我们一直都在想办法来更好地、更快地、更可靠地、更经济地完成工作。业务流程是一种非常好的方法。业务流程可以被定义为一个具有各种不同功能的活动相连的一组有相互关系的任务。如何将分布的 Web 服务组合实现业务流程，对企业实现全球化和虚拟化具有重要意义。BPEL（Business Process Execution Language，业务流程执行语言）是业界认可的标准，也是 SOA 实现组合服务和服务编排的重要技术基础。

业务流程可以被定义为一个由各种不同功能的活动相连的一组有相互关系的任务，它们依照一定的业务逻辑和顺序依次执行。业务流程有起点和终点，而且它们都是可重复的。业务流程是企业实现商务目标的方法。对于企业而言，业务流程是企业重要的知识资产，是企业的核心竞争力的体现，一个精心设计和执行的业务流程能够为企业创造价值并节约成本。

在著名作家弗里德曼的作品《世界是平的：21 世纪简史》（THE WORLD IS FLAT: A Brief History of the Twenty-first Century）一书中，对经济全球化有着精彩的论述。它描绘了一个由互联网、通信基础设施和新型软件搭建的全球舞台；在这个舞台上，人们能够以多种方式分享知识、劳动、娱乐和发现，并且创造新的商业机会。弗里德曼举例说："如今沃尔玛是美国最大的公司，然而它什么也不生产，只是建立了这个非凡的供应环节，从世界各地进口非常便宜的商品⋯⋯并把世界各地的产品送到消费者手里。它是一个全球组装线。"

在经济全球化的过程中，企业的边界变得模糊，企业会将任务分解为一系列的子任务，企业只关注于自己的核心竞争力所在，并将其他工作分包给最合适的人来完成。企业需要通过业务流程将这些片段有机地组织在一起。在这里我们可以深刻地认识到业务流程对企业的重要性。

定义业务流程并对其做出文档所花费的时间和努力是完全值得的。在一个反映中国传统医学的电视剧中，在配置药剂的时候，掌柜把自己反锁在药房里，只有他会根据"秘方"将不同的药材调配成救死扶伤的灵药。然而只有他一人掌握这个过程是非常危险的。对于现代企业来说这更是不可能的，不可能只让配件制造主任了解企业的配件制造知识，然后让他每晚独自装配所有的零件。只要定义了配件制造业务流程，配件制造工人可以随时来去，而且任何配件制造工人都可以随时取代另一个人的工作，这是因为工厂里的所有配件制造工人都理解并遵循业务流程。可以通过学习、改变、评估，然后再次改变配件制造业务流程，因为该流程对于每个人都是可见的，而非局限于配件制造主任。

现代业务流程管理系统的历史可以追溯到工作流系统。简单地讲，工作流定义了业务流程中的参与者（Who）、所执行的工作（What）及何时执行（When）。在企业 IT 环境中，工作流软件通常与企业应用集成（Enterprise Application Integration，EAI）系统结合在一起，成为企业应用的"黏合剂"，实现业务流程的自动化和流水线化。

传统工作流系统的最大缺陷就是：它们大多采用了专有技术。这使得业务流程与企业应用的结合变得非常复杂，通常需要很长时间进行部署和实施，而与企业外部系统进行集成则更加困难，无法适应全球化浪潮和互联网时代对企业灵活、无缝集成的需求。人们开始考虑利用 Web 服务的开放性和标准化，来解决业务流程与企业应用之间的互操作性问题。

3.6 SOA 的软件开发模式

3.6.1 服务注册表（Service Registry）模式

服务注册表模式是一种通过服务注册表来实现 SOA 的松耦合和地址透明的设计原则。因此，服务注册表也象征了一种面向服务的架构模式。服务注册表模式的关键点如下：

（1）发布服务的可见性以提升应用和解决方案设计的重用；

（2）发布服务的接口和地址到一个语法分类表（Semantic Taxonomy）中，使服务可以被用于商业目的的发现和识别；

（3）实现至少一种设计和运行时发现服务的方式。

服务注册表变量包含以下三点：

（1）私有注册表项（Private Registry）描述了在一个组织内部可见的服务；

（2）专有注册表项（Closed Registry）描述了在一个或多个组织中可见的服务，但只能被定义范围内的伙伴访问；

（3）公有注册表项（Public Registry）描述了公共可见的服务。

以下是一些实现方式：

（1）设计时的基本的服务注册表，以发布（如 Web）或者协作（如 Lotus Domino）等技术实现；

（2）路由和安全注册表项（如 WBI Message Broker 中的路由表，LDAP）；

（3）语义注册表支持动态发现，可以是定制的（如基于数据库）或者基于开放标准的（如 UDDI）。

图 3-8 展示了私有目录、公共目录和专有目录三种类型的服务注册表，后面的 ESB 将在这个模型中进行描述。

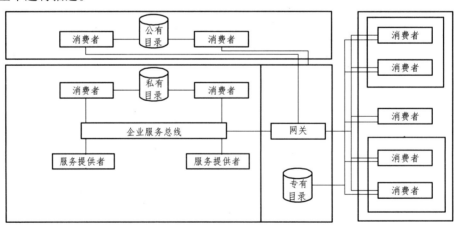

图 3-8　三种服务注册表类型

服务注册表访问时支持设计时和运行时的服务绑定（Binding of Service）。绑定的风格同样也会影响到适用的服务接口数据格式。例如，运行时绑定就需要一种机器可识别的接口（如 WSDL），以便于服务消费者在搜寻可以绑定的服务提供者的过程中获取和使用。图 3-9 展示了这种在静态和动态绑定之间的联系，以及描述服务接口所使用的语义形式和语言，同时还展示了一些可选的实现技术。

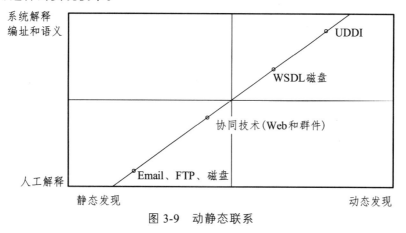

图 3-9　动静态联系

3.6.2　企业服务总线（Enterprise Service Bus，ESB）模式

在当前的工业界中，关于 ESB 到底是什么有多种不同的定义，然而大多数组织都将 ESB 描述为一个提供通信整合服务以支持 SOA 的逻辑基础架构组件。业界有很多相似的观点，将 ESB 描述成 SOA 基础架构中的一种模式，其中包含多种实现技术。这包含多年来客户关于服务总线实现的观察。ESB 只是一些具有基础架构性能的模式，它能以多种形式实现，很多企业的技术产品会被包装到行业现有的 ESB 产品中。

企业服务总线是一个提供通信、安全、事务支持和服务质量控制等 SOA 要求的基础架构。ESB 通过提供一个服务的地址和命名控制点来提供这些性能。服务请求者通过以特定的地址和协议调用服务来访问 ESB。

在企业服务总线领域中，ESB 提供了服务交互的功能。

（1）ESB 暴露出一系列的端口给服务请求者，每一个端口中定义了一个特定的通信协议和一些地址，通过这些协议和地址可以访问到 ESB。

（2）ESB 应用若干端口整合服务提供者，每个端口支持一个特定的通信协议和若干可以访问到提供服务的地址。

（3）ESB 包含一些执行部件（集线器模块），提供了在服务提供者端口和服务请求者端口之间完成服务交互的服务总线功能。在前面已经了解了集线器模块提供代理和路由的功能。这些流程模块可能会以不同的物理模式分布，但它们都共享一个公用的管理和配置架构。配置模块可能会被发布为管理模块的一部分，也可能是一个独立的模块。

这种 ESB 建模方式将影响到单个 ESB 的有效范围：

（1）一个单独的 ESB 提供了访问若干良好定义（Well-Defined）的服务方式，这些服务由一个或多个服务提供者提供，ESB 控制对于服务请求者可见的调用协议和地址，通过这些服务请求者可以调用服务。

（2）一个单独的 ESB 由一个管理架构模块进行控制。同时需要注意在这个定义中隐含的一些信息。

（3）一个单独的 ESB 可能和多个协议关联，事实上，通常当讨论类似于"HPPT 服务总线"的概念时，ESB 首先是和若干服务实现相关联，然后才是若干协议。

（4）ESB 架构在物理上既可能是中央集成，也可能是集群（Cluster），或者是分布式等多种模式。

（5）一个单独的管理模块是为了提供一个单独的控制点，在最初的讨论中可以将其理解成 ESB 架构的一部分。

端口是服务总线中的重要概念，一个端口包含一个协议、一个或多个地址、一个特定的方式处理服务交互的特性（如事务、安全等）。

端口又可分为入站端口和出站端口，端口的定义包括一个入站端口可以基于特定的协议侦听特定的地址，然而，多个出站端口可以通过同样的协议使用同一个地址。实现入站和出站的端口可以不同。例如，如果 ESB 是以 IBM Web Service Gateway 实现的，那么入站端口就是网关通道（Gateway Channel），如 HTTP 通道，这些通道以特定的服务器地址和特定的端口响应服务请求。出站端口实现为 WSIF 处理器（WSIF Handlers），它们通过 HTTP、RMI 或 MQ 协议调用服务。它们既可以从一个特定的 MQ 消息队列中接收消息，也可以侦听 HTTP 请求。而出站端口就是消息流中的导出端点（Output Nodes），它们既可以将消息放置到特定的 MQ 消息队列中，也可以调用 HTTP 请求进行响应。图 3-10 展示了这种 ESB 模型，这个模型中描述的 ESB 实现在一个企业内部，就像"企业服务总线"这个名称所表示的一样。这个定义将在书中一直使用，但有时需将"企业"这个名词灵活地理解成组织或者一个管理区域。图 3-10 中的椭圆形表示服务交互的上下文环境（Context），如服务请求者连接的椭圆图形表示 ESB 提供给服务请求者名称空间、安全和事务模型等服务。

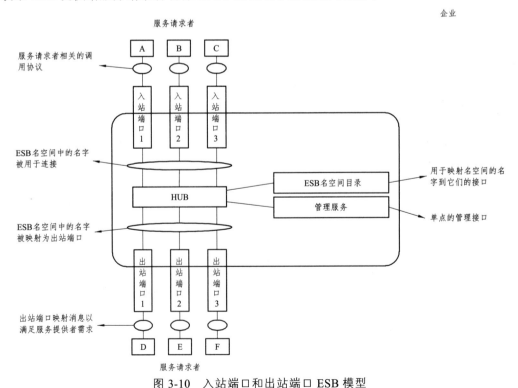

图 3-10 入站端口和出站端口 ESB 模型

ESB 对服务请求者和服务提供者之间的交互特性进行中介协调（Mediate）。它支持通信和服务交互对 SOA 架构所提出的要求。

图 3-11 所示为 ESB 提供的多种中介服务，如为服务请求者提供语义接口、在基于不同语言和平台实现的服务请求者之间定义接口、处理协议转换、提供地址透明支持、处理数据格式转换、提供可靠的传输和错误处理、安全控制等。

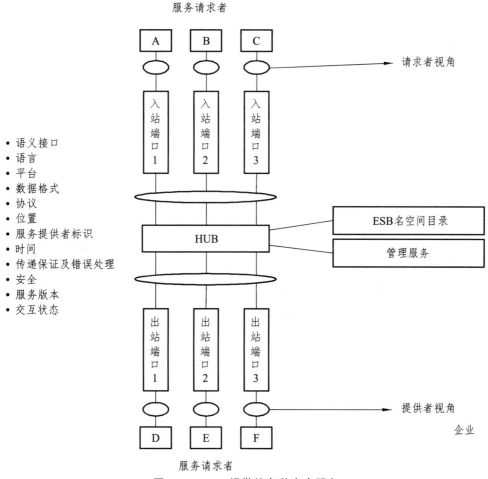

图 3-11　ESB 提供的多种中介服务

服务位置的透明性是企业服务总线的重要特性，如图 3-12 所示，ESB 支持服务提供者的替换或服务实现对服务请求者的透明，这既可以是同一个服务提供者以若干种不同的方式实现，也可以是将若干个不同的服务提供者集中到一起抽象成一个服务提供者。

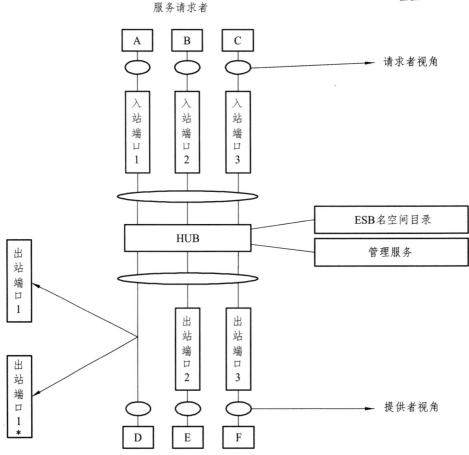

图 3-12 ESB 支持服务提供者的替换或者服务实现对服务请求者的透明

3.6.3 服务编排（Choreography）模式

服务编排模式有以下 5 点关键概要描述：

（1）应用逻辑封装将服务封装的排序与服务分离开来。

（2）以小粒度（Small-Grained）的服务组合成大粒度（Large-Grained）的服务。

（3）模式化地实现商业流程并自动执行。

（4）监视商业流程的执行效果。

（5）实现工作流解决方案。

该模式中还存在一些变化。短生命周期（Short-lived）的流程会在一个单独的线程中被立即执行。这些流程只能直接调用自动（可执行的）操作，如访问数据库或调用异步的 Web 服务。长生命周期（Long-lived）的流程会持续一段不确定的时间，它们有可能会在执行过程中被暂停，其状态会被保存起来，以便等待接收商业事件中的人工交互。长生命周期流程调用人工交互需要有客户接口让用户完成查找和实现任务，对工作项目（Work-Item）排队等功能。

实现服务编排的技术有：

（1）基于 BPEL4WS（WBISF）标准的服务编排实现。

（2）基于特定的（Proprietary）工作流（如 MQ 工作流）或消息流（如 WBIMessage Broker）的实现。

服务编排实现了一个商业流程，并使这个商业流程以服务的形式提供给消费者。在商业流程中定义了一系列的操作，并在流程中包含执行的商业规则。操作中可以引入与外部服务或人工的交互，服务编排将管理服务的调用和人工的交互。它还会管理（在流程生命周期中）流程共享的状态、事务管理、操作补偿（Compensation）和错误处理。服务编排可以同步或者异步地调用服务，同时也能提供回调功能使服务可以调用编排的服务流程。

基于 Web 服务的商业流程执行语言（BPEL4WS）提供了一种定义商业流程的工业标准。这个标准要求使用 WSDL 描述流程，并且这些流程能像 Web 服务一样被访问。BPEL4WS 要求在商业流程操作中调用的服务要以 WSDL 描述，由此这些服务需要被实现为 Web 服务，还要求有一个适当的运行时环境可以以 Web 服务的方式调用商业流程。WBISF 提供了基于 BPEL4WS 的服务编排的实现，因此服务编排以 WSDL 描述同时以 Web 服务的方式提供给服务消费者。图 3-13 所示为以 WSDL 描述和 Web 服务实现的 BPEL 流程。在不同操作中的服务调用也是以 WSDL 描述，以 Web 服务的方式进行访问。WBISF 还支持 BPEL4WS 定义的特征，如流程状态处理、故障、出错、回调和补偿等。

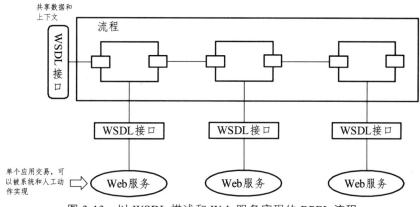

图 3-13　以 WSDL 描述和 Web 服务实现的 BPEL 流程

3.7　SOA 开源框架（Java 版）

3.7.1　Apache Tuscany

1. Apache Tuscany 简介

Tuscany 是 Apache 的开源项目，是一套开源的 SCA 框架模型，是 SOA 的基础架构。它是 IBM、Oracle、SAP 等厂商联合成立的 SOA 标准化组织-OSOA 支持下开发出的 SCA 框架，它既是开源界 SCA 的试金石，也是当前开源界最成熟的 SCA 框架之一。

2. Apache Tuscany 的主要特点

Apache Tuscany 提供开放式可扩展的运行环境以支持现在和将来的各种技术，这将解除应用程序对底层技术的依赖和耦合，使得跨技术网络平台的组装成为可能并大大简化，同时提供全方位的开源 SOA 基础架构，以利于开发、组装、发布、管理构件式应用服务（Composite Applications）及数据处理。该项目实现服务构件体系和服务数据对象等 OASIS OpenCSA 标准。

（1）多种构件实现，包括 Java，BPEL，XQuery，JavaScrIPt。

（2）多种通信协议，包括 RMI，Web Services，JSONRPC，Feed，EJB，CORBA。

（3）多种接口语言，包括 Java，WSDL。

（4）多种数据绑定，包括 XML，JavaBeans，JAXB，SDO，XMLBeans，JSON，AXIOM。

Apache Tuscany 集成其他技术，包括 OSGi，Spring，JEE 和 Web 2.0。该项目提供了从小型到企业级业务的广泛支持，解决方案提供商、中间件平台提供商和最终用户以及开发人员都可获益。Tuscany 是一款轻载的平台，可以独立运行或嵌入在 WebSphere，Geronimo，Tomcat 和 Jetty 等应用服务器中。

3.7.2　ServiceMix（JBI）

1. ServiceMix（JBI）简介

ServiceMix 是一个建立在 JBI（JSR 208）语法规则和 APIs 上的开源 ESB。它包括一个完整的 JBI 容器，其主要是由标准化信息服务和路由器、JBI 管理 MBeans、JBI 配置单元和 Ant 任务（安装组件和管理容器）组成。

2. ServiceMix（JBI）的主要特点

ServiceMix 除了实现 JBI（SUN 公司解决 SOA 的方案）规范外，还增加了一些特性：

（1）提供了丰富的 SE 和 BC 组件，基本满足常见需求。

（2）支持与 Spring 的集成。

（3）支持与 Apache Camel 的集成，可利用其提供更灵活、强大的路由功能。

（4）使用 ActiveMQ 提供远程、集群、可靠性和分布式故障转移等。

（5）ServiceMix4 实现了对 OSGI 的支持。

3.7.3　Dubbo

1. Dubbo 简介

Dubbo 是阿里巴巴公司开源的一个高性能的服务治理框架，使得应用可通过高性能的 RPC 实现服务的输出和输入功能，可以与 Spring 框架无缝集成。Dubbo 是：

（1）一款分布式服务框架。

（2）高性能和透明化的 RPC 远程服务调用方案。

（3）SOA 服务治理方案。

每天为 2000 多个服务提供大于 30 亿次访问量支持，并被广泛应用于阿里巴巴集团的各成员站点以及部分公司的业务中。

2. Dubbo 主要的特点

1）连通性

（1）注册中心负责服务地址的注册与查找，相当于目录服务，服务提供者和消费者只在启动时与注册中心交互，注册中心不转发请求，压力较小。

（2）监控中心负责统计各服务调用次数、调用时间等，统计先在内存汇总后每分钟一次发送到监控中心服务器，并以报表展示。

（3）服务提供者向注册中心注册其提供的服务，并汇报调用时间到监控中心，此时间不包含网络开销。

（4）服务消费者向注册中心获取服务提供者地址列表，并根据负载算法直接调用提供者，同时汇报调用时间到监控中心，此时间包含网络开销。

（5）注册中心、服务提供者、服务消费者三者之间均为长连接，监控中心除外。

（6）注册中心通过长连接感知服务提供者的存在，服务提供者宕机，注册中心将立即推送事件通知消费者。

（7）注册中心和监控中心全部宕机，不影响已运行的提供者和消费者，消费者在本地缓存了提供者列表。

（8）注册中心和监控中心都是可选的，服务消费者可以直连服务提供者。

2）健壮性

（1）监控中心宕掉不影响使用，只是丢失部分采样数据。

（2）数据库宕掉后，注册中心仍能通过缓存提供服务列表查询，但不能注册新服务。

（3）注册中心对等集群，任意一台宕掉后，将自动切换到另一台。

（4）注册中心全部宕掉后，服务提供者和服务消费者仍能通过本地缓存通信。

（5）服务提供者无状态，任意一台宕掉后，不影响使用。

（6）服务提供者全部宕掉后，服务消费者应用将无法使用，并无限次重连等待服务提供者恢复。

3）伸缩性

（1）注册中心为对等集群，可动态增加机器部署实例，所有客户端将自动发现新的注册中心。

（2）服务提供者无状态，可动态增加机器部署实例，注册中心将推送新的服务提供者信息给消费者。

4）升级性

当服务集群规模进一步扩大，带动 IT 治理结构进一步升级，需要实现动态部署，进行流动计算，现有分布式服务架构不会带来阻力。

3.7.4 Web Service（XFire）

1. Web Service（XFire）简介

XFire 是 codehaus 推出的下一代的 Java SOAP 框架，通过提供简单的 API 支持 Web Service 各项标准协议，帮助开发者方便快速地开发 Web Service 应用。XFire 是与 Axis 2 并列的新一代 Web Service 框架，相对于 Axis 来说，目前 XFire 相对受欢迎，加上其提供了与 Spring 集成的支持，在目前的 Web Service 开源社区拥有众多的追随者。并且因为 XFire 为 Spring 提供的支持，可以很容易在 Spring 中使用 XFire 构建 Web Service 应用。

2. Web Service（XFire）的主要特点

XFire 最大的特点就是支持将 POJO 通过非常简单的方式发布为 WebService，同时还拥有很高的性能。

XFire 具有的特征：

（1）支持一系列 Web Service 的新标准——JSR181、WSDL2.0、JAXB2、WS-Security 等。

（2）使用 Stax 解释 XML，性能有了质的提高。XFire 采用 Woodstox 作 Stax 实现。

（3）容易上手，可以方便快速地从 POJO 发布服务。

（4）灵活的 Binding 机制，包括默认的 Aegis，XMLbeans，JAXB2，Castor。

（5）高性能的 SOAP 栈设计。

（6）支持 Spring、Pico、Plexus、Loom 等容器。

3.8 SOA 方法学和其他方法学的比较

与 SOA 的设计原则类似，SOA 方法学并不是全新的方法学，它是现有方法学的继承和发展。一方面，原有的方法学并不能解决由于服务概念的引入带来的问题，如怎样发现服务、怎样定义服务；另一方面，服务是一个水平的概念，而不是一个垂直的概念，在服务分析和设计的过程中，需要处理服务和现有方法学产物的关系，如业务流程和服务、企业架构和 SOA、服务和对象等。因此，服务的分析和设计最主要的职责在于发现服务、定义服务和实现服务，并指导如何和其他方法学结合完成这些职责。

图 3-14 揭示了现有几种方法学的定位。图中横坐标将项目周期分为分析、设计和开发三个阶段，纵坐标将域分为应用、架构和业务。流程建模（BPM）用于业务领域的分析和设计，如业务流程的定义、业务数据的定义等；企业架构（EA）和方案架构（SA）侧重在架构领域的分析和设计，如根据业务需求确定目前目标业务系统和 IT 系统，根据目标系统需求设计主要架构元素和它们之间的关系；面向对象的分析和设计（OOAD）则贯穿分析、设计和开发三个阶段，它主要分析细粒度的业务需求，如用例、分析和设计实现这些需求的类和对象，以及它们之间的关系。

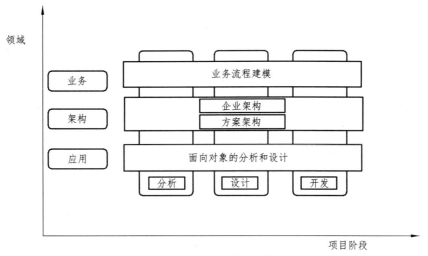

图 3-14　传统的方法学

图 3-15 所示为面向服务的分析和设计贯穿项目周期的三个阶段和 IT 系统的三个域。这表明在操作层面上，面向服务的分析和设计会和其他方法学紧密相联。

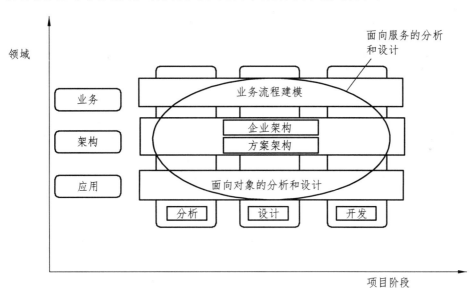

图 3-15　SOA 和传统的方法学

1. BPM 和 SOA

业务流程建模是一个相当零散的领域，存在各种各样的方法和技术，有效的方法可以帮助企业对业务进行合理的划分，从而求得业务层面的灵活性。有些方法则侧重于流程建模本身，例如如何确定和定义业务流程中的业务活动、业务数据、业务规则、业务指标和业务事件等，但是 BPM 并不会帮助我们去发现和定义服务。从 SOA 的方法学来看，各种 BPM 的结果是面向服务的分析和设计的重要输入，如业务组件、业务流程和业务目标是服务发现的重要依据，而业务指标、业务数据、业务规则等是服务暴露分析的重要依据。

2. EA 和 SOA

尽管和 BPM 一样，EA 是一个零散的领域，但是当前的 EA 主要侧重于定义跨越业务单元边界的系统框架，企业范围内系统的主要构成元素，这些元素间的关系，以及将这些元素有机组合在一起的参考架构。但是，各种 EA 技术都缺乏业务领域的蓝图指导企业架构的设计。从 SOA 方法学来看，一方面，面向服务的分析和设计通过和 BPM 结合将业务分解为各种类型的服务，可以作为企业业务的蓝图指导企业架构的设计；另一方面，企业架构设计的结果，如参考架构，又是服务实现的重要依据。

3. OOAD 和 SOA

面向对象的分析和设计使用 Use Case 捕获需求，并设计类、对象及对象间交互来满足 Use Case 定义的需求。但是面向对象的分析和设计往往只是局限在单个应用内部，它不会缺乏业务蓝图和企业架构蓝图的指导。从 SOA 方法学看，在原理层面上，OOAD 中的很多设计原则，如抽象、隔离关注等被 SOA 继承和发扬，并应用于服务的定义和实现中。而在操作层面上，服务模型为 OOAD 进行类和对象设计提供了业务蓝图和企业架构蓝图，与此同时，Use Case 作为对业务流程的补充说明被用于服务的发现和定义中。

3.9 方法论中 SOA 的运用

方法论可以与软件开发的思想相结合，得到相应的各种技术的支持，再与集成平台相结合，那么将会打造出一个非常强大而实用的开发工具，这类工具可以为底层平台提供快速开发部署、实施服务，并且能拥有相当优秀的特性：

（1）支持包括 SDO、POJO、XML Schema、DOM 在内的多种数据格式。

（2）支持基于业务逻辑构件实现、Java 实现等多种方式。

（3）可以将装配的服务对外发布成 Web Service。

（4）基于工具开发的 Web Service 完全遵循 WSDL 1.1/SOAP 1.1 标准。

（5）支持导入 WSDL 文件生成服务定义，并生成逻辑构件实现。

3.9.1 服务编排

对于服务装配编排，可以通过核格集成开发平台这类工具中的业务逻辑流进行业务逻辑编排，在业务逻辑视图中，按业务组织的业务流程进行建模，对业务单元进行独立设置和评估，对业务处理逻辑进行封装，定义代码实现的接口。通过可视化拖拽的方式拖到服务装配的视图中，将自动生成服务装配模型，每个业务逻辑构件即开放接口，再通过连线连接代码实现的服务装配的接口。

服务编排的模型如图 3-16 所示，业务逻辑生成的服务装配模型如图 3-17 所示。

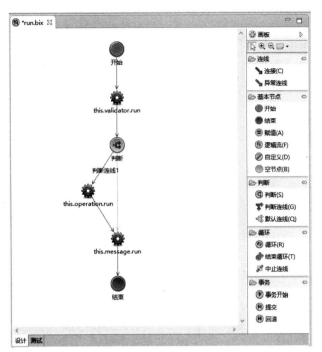

图 3-16　服务编排模型

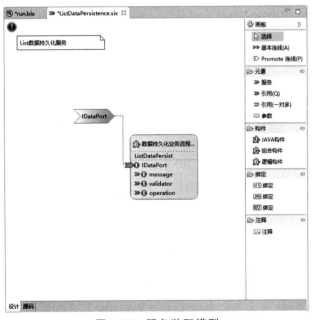

图 3-17　服务装配模型

3.9.2　服务装配

基于构件的软件制造平台服务装配通过可视化拖拽的方式，将应用程序的不同功能单元（称为服务）通过这些服务之间定义良好的接口和契约联系连线装配起来，支持将业务转化为一组相互关联的服务或可重复业务任务，可以对这些服务进行重新组合，以完成特性的业务任务，从而让业务快速适应不断变化的客观条件和需求。通过构件的实现和组装细节的分离，核格服务装配实现了真正的松耦合。这种开发风格允许开发人员集中开发业务相关代码，而不用担心如何使其适用于整个解决方案。

连接了业务实现代码的服务装配图如图 3-18 所示。

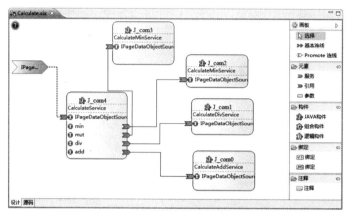

图 3-18　服务装配图

3.9.3　服务发布

核格服务装配还可通过添加 Web Service 绑定的方式，可将装配的服务对外发布，如图 3-19 所示。

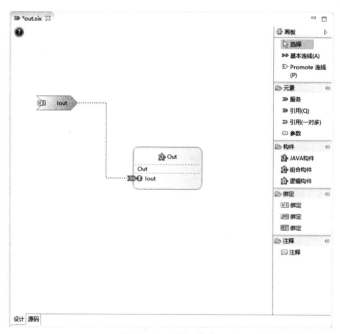

图 3-19　服务发布

3.10 小 结

本章通过介绍 SOA 的开发环境、方法、核心技术以及 SOA 在核格方法论中的应用，引出方法论是如何整合 SOA 技术，形成了用于 SOA 系统开发的软件开发工具。

第4章 软件制造平台

本章主要讲解基于 SOA 的可配置核格集成开发平台（以下简称平台），该平台是方法论的实践支撑工具，是基于分布式的软件设计开发一体化平台。本章将讲解平台的相关功能以及对方法论的支撑。

4.1 平台简介

平台以面向 SOA 可配置的构件化软件开发模式，支持高效和高质量的信息化软件开发，支持基于可视化构件的拖拽式软件开发，支持智能的业务流程管理和数据报表设计，以及应用服务部署，已成为具有支持可视化、流程化、集成化、服务化、智能运维、智能管控于一体的信息化支撑软件。平台支持业务流程、视图、业务构件、数据、实体、服务及配置的可视化开发。

基于平台的业务软件开发过程如图 4-1 所示。

传统软件开发会遇到业务需求变更频繁、软件开发规范性不高、软件优质代码复用难、软件人员流动性高等问题。平台针对上述问题，提出一种以图形化开发模式，以颠覆以代码为基础的传统开发模式。要实现这个目标，针对平台的底层架构，设计了统一的开发环境和工具。该开发工具基于 eclIPse 平台，基于 SWT、JFACE、GEF、EMF、GMF 等框架搭建，针对软件生命周期中的需求、设计、开发、调试、测试、部署、运行、监控等阶段，分别实现可视化的开发与管理，包括实现软件可视化拖拽、程序代码自动生成、服务装配、以构件化搭建功能模块的功能。平台最大的特点就是随着平台使用时间的增多，越来越多的软件资产进行沉淀、复用，复用的业务构件越多，开发效率越高，软件质量越有保证。

该工具涉及面宽，目前已完成 7 个功能模块，如图 4-2 所示。

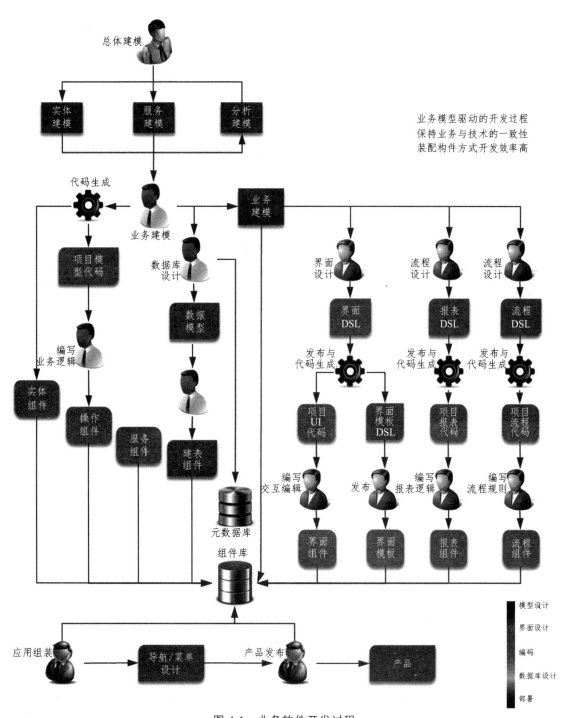

图 4-1　业务软件开发过程

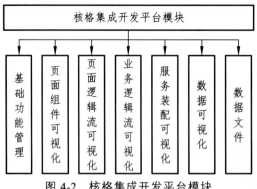

图 4-2　核格集成开发平台模块

4.2　基本功能

基本功能主要包括新建向导、工程结构、部署、编译运行等功能，作为整个开发环境的基础，该部分起到了整合其他各部分的工作。开发人员可以首先通过向导进行工程的新建。

4.2.1　新建向导

新建向导中包括平台所有文件的向导。新建项目的操作步骤如下：
（1）在平台中选择"新建项目"，如图 4-3 所示。

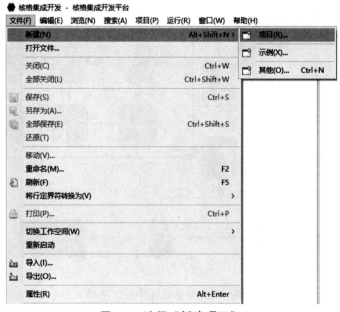

图 4-3　选择"新建项目"

（2）如图 4-4 所示，查看新建向导。

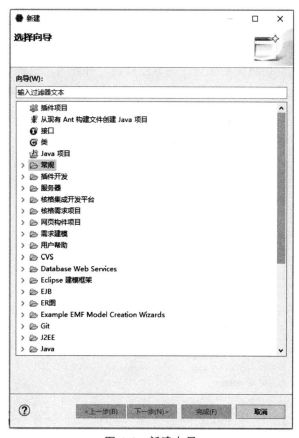

图 4-4　新建向导

（3）选择创建核格工程并填写工程名，如图 4-5 所示。

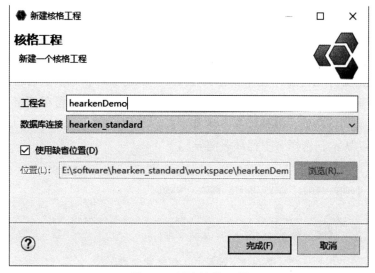

图 4-5　创建核格工程

4.2.2 工程结构

新建的工程将显示在"资源管理器"中，整个工程树展示出来的是该平台特有的工程结构，如图 4-6 所示。平台将功能模块分为：视图、Java、构件、数据、实体、服务、报表、配置等模块。根据功能的层级关系建立好树状结构后，开发人员以模块为单位进行业务的开发，相对于传统的开发模式，这样的好处就是把同一个模块下的资源归纳到一个结点下，使项目结构清晰。

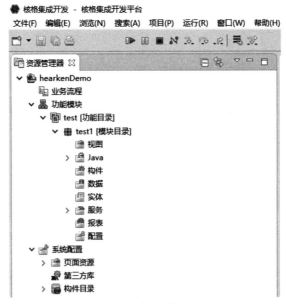

图 4-6　工程结构

4.2.3 编译部署

开发的功能需要部署到服务器下运行，由于平台基于图形化的方式开发，运行环境不能直接解析这种图形化的格式，因此，针对不同的文件结构，我们需要编写相应的编译器，其目的是将图形化的文件结构编译成标准的 Java EE 代码的文件格式。最后将编译好的文件直接部署到服务器下运行。工程部署向导具有创建部署、修改部署、覆盖部署、删除部署、目录浏览及浏览器访问等功能，具体操作步骤如下：

（1）如图 4-7 所示，选择"工程部署向导"。

图 4-7　选择"工程部署向导"

（2）如图 4-8 所示，添加需求部署的项目。

图 4-8　工程部署向导

（3）如图 4-9 所示，进行创建项目操作。

图 4-9　创建部署

（4）如图 4-10 所示，进行修改部署操作。

图 4-10　修改部署

（5）如图 4-11 所示，进行覆盖部署操作。

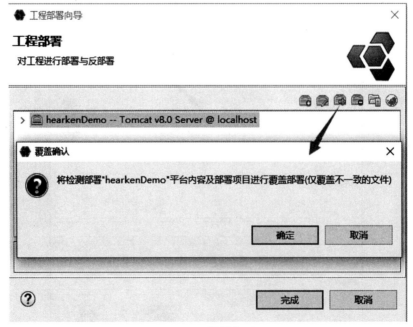

图 4-11　覆盖部署

（6）如图 4-12 所示，可查看项目的部署项目。

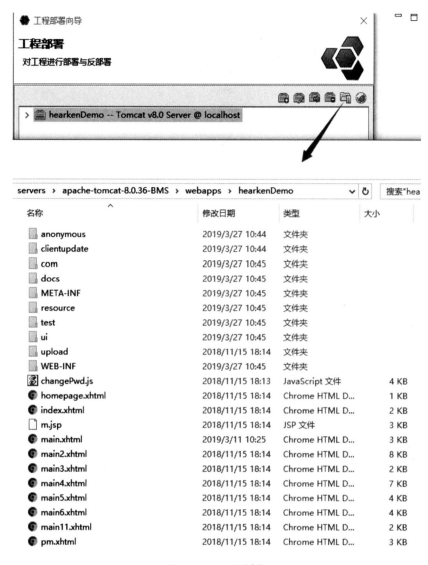

图 4-12　目录浏览

4.2.4　数据库连接工具

平台提供了数据库连接工具，用于开发时连接指定数据库，进行网页开发。

1. 新建数据库连接

右击数据库连接视图空白处，新建数据库连接，平台默认支持 MySQL、Oracle 和 SqlServer 三种 JDBC 连接驱动，如若想使用其他数据库驱动，可自行添加相应驱动。具体操作步骤如下：

（1）图 4-13 所示，选择"新建数据库连接"。

图 4-13　选择"新建数据库连接"

（2）如图 4-14 所示，选择连接数据库的驱动。

图 4-14　选择 JDBC 驱动

（3）如图 4-15 所示，填写数据库连接信息。

图 4-15　创建连接

（4）新建完成后可展开数据库连接，如图4-16所示。

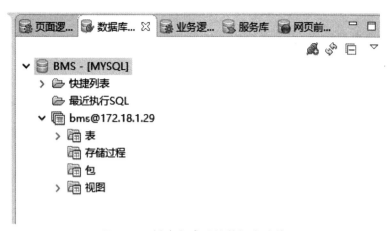

图 4-16　创建完成后的数据库连接

2. 数据库表查看

（1）数据库连接创建好后，可以查看表数据库与表结构，方便进行开发，如图4-17所示。

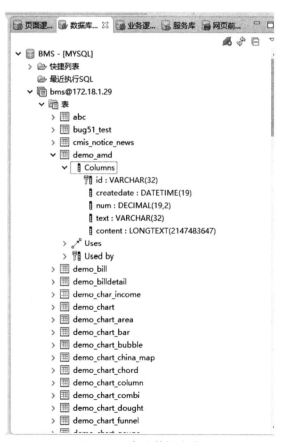

图 4-17　查看数据库表

（2）右击数据库表可浏览数据和查看表的详细信息，如图 4-18 和图 4-19 所示。

图 4-18　查看表数据　　　　　　　图 4-19　查看表结构详细信息

4.2.5　运　行

运行是开发平台必不可少的功能，平台中扩展了服务器配置、运行功能，开发人员可以在开发环境中直接配置和启动服务器，如图 4-20 所示。该功能具有以下特性：

（1）运行环境支持的操作系统：Windows、Linux、Unix。

（2）支持的 J2EE 服务器：Tomcat 8.0+、JBoss 4.2+、WebLogic 9.0+、WebSphere 6.0+。

（3）支持的数据库：Oracle 9i+、SQLServer 2000+、MySQL 5.0+等常见关系型数据库。

服务器是支撑 SOA 应用和服务的运行环境，在配置好服务器后，开发人员可以将服务器运行在 Studio 内，服务器由 SCA 容器、构件运行环境、页面逻辑流引擎、业务逻辑流引擎、系统服务、基础服务等核心模块组成。服务器需要保障业务系统稳定、安全、可靠、高效、可扩展地运行。另外，在服务器运行过程中，会在控制台输出服务器的运行信息，供开发人员查错和维护。

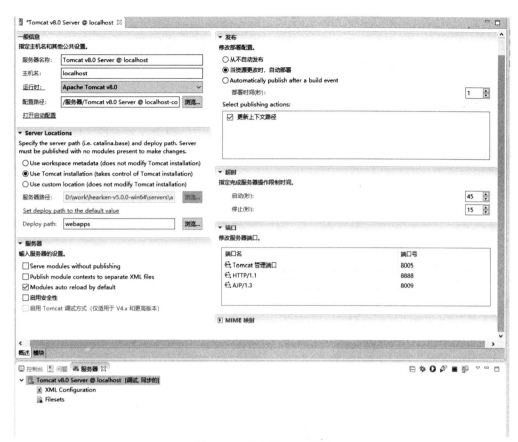

图 4-20　服务器配置界面

服务器运行界面如图 4-21 所示。

图 4-21　服务器运行界面

4.3 业务流程可视化

核格工作流通过可视化流程建模的方式，将业务流程过程中不同的处理节点（称为流程节点）通过连线连接起来，再以拖拽加配置的方式一站式完成工作流的实现。

1. 创建流程文件

如图 4-22 所示，在"业务流程"的工程结构目录右击，创建业务流程文件，并填写流程文件名称，如图 4-23 所示。

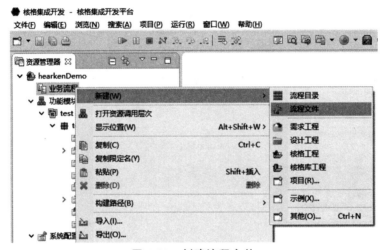

图 4-22　创建流程文件

图 4-23　流程文件命名

2. 流程可视化创建

在创建好的业务流程编辑视图中，可以看到右侧的画板有流程连线和多个流程节点，如图 4-24 所示。如图 4-25 所示，点击画板中的流程节点，然后在编辑视图中再次点击，可以创建流程节点，点击连线，鼠标将变成连线形式，以鼠标拖动的方式将各个流程节点连接起来，如图 4-26 所示。

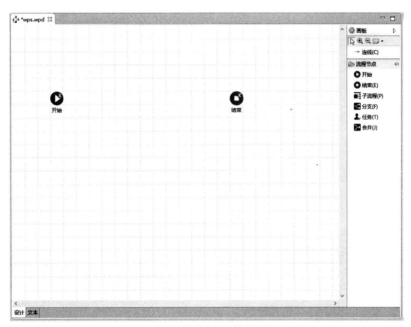

图 4-24　业务流程编辑视图

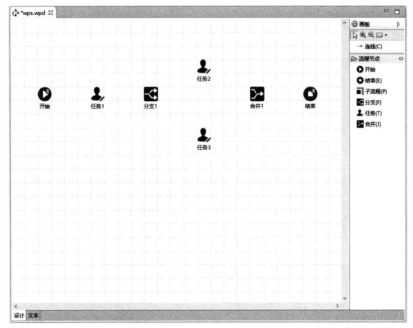

图 4-25　流程节点可视化创建

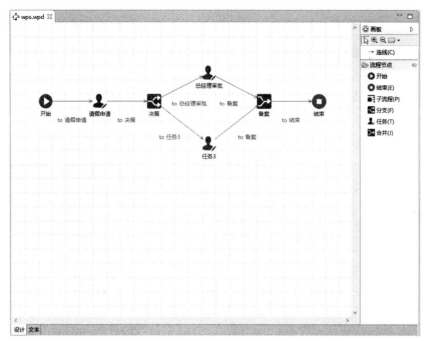

图 4-26　连线完成后的业务流程

3．在线创建业务流程

除了可以支持在平台中进行工作流的开发，然后部署服务器外，还支持在线设计配置环境，可快速响应需求，如图 4-27 所示。

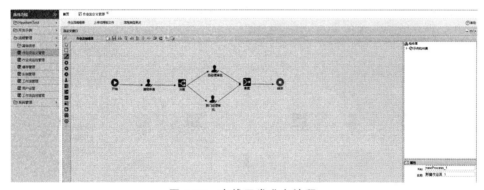

图 4-27　在线开发业务流程

4.4　视图可视化

4.4.1　页面可视化

传统的用户界面的设计与描述是基于"嵌入"方式进行的，应用程序设计人员在设计软件时，是按功能及界面两方面要求混合编写用户界面和应用功能两部分程序。这种开发方式忽略了用户界面的个性，使程序复杂化，可维护性差。基于平台开发已不再是将用户界面和应用功能两部分混合编写了。而是将二者分别编写，单独编译，再连接成可执行文件。这是因为对不同的应用系统，用户界面部分在逻辑上和处理方法上具有高度的相似性。而让软件开发人员花费大量的时间与精力去开发一个很类似又不具有通用性的用户界面程序显然是不可取的。因此，开发能够用规范化和规模化生产的方法自动生成一致性的用户界面的工具是用户界面研究的内容。

核格页面可视化，是一款所见即所得的网页编辑器。即使不懂网页标记语言，照样可以轻松制作出自己的网页。页面可视化编辑器允许画布选择画板中的网页 UI 组件，进行编辑、复制、粘贴、删除，并可使用拖放操作改变组件位置。企业和个人在短短几分钟内就能完成应用的创建和发布，大大节省了在时间和资金上的投入，具体操作步骤如下：

1. 新建页面

如图 4-28 所示，右击模块目录下的"视图"，创建页面，并进行命名和页面布局大小选择，如图 4-29 所示。

图 4-28　新建页面

图 4-29　页面命名

2. 页面可视化开发

（1）如图 4-30 所示，在建好后的页面编辑视图中可以看到右侧画板有页面的布局与表单、表格和树等页面元素构件，如图 4-31 所示，点击画板中的布局构件或页面元素构件即可对页面进行布局或对页面元素进行填充。

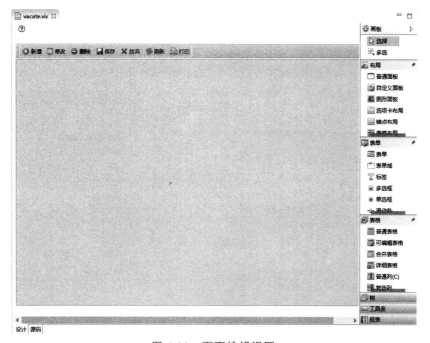

图 4-30　页面编辑视图

图 4-31　添加布局

（2）添加表单，如图 4-32 所示。

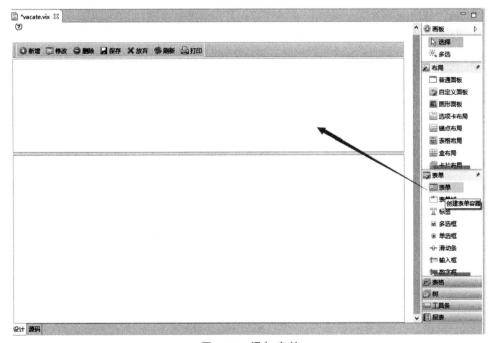

图 4-32　添加表单

（3）添加表单元素，如图 4-33 所示。

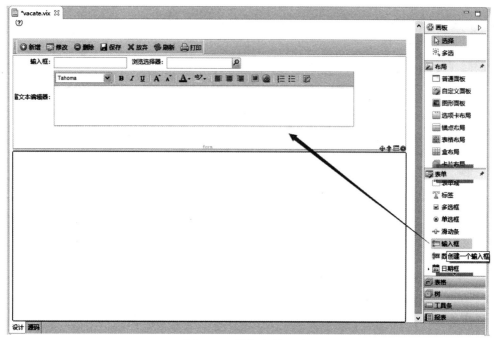

图 4-33　添加表单元素

（4）添加表格，如图 4-34 所示。

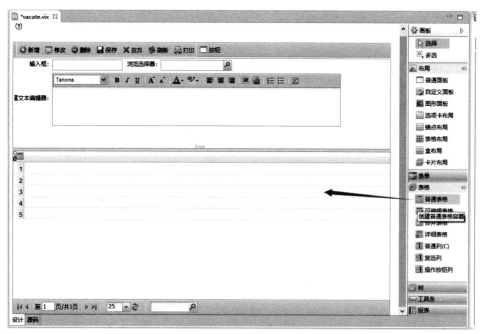

图 4-34　添加表格

（5）拖动实体（实体即数据库表映射文件，将在"实体可视化"中讲解创建方式）可快速创建表格所需要的表格列，大大提高表格的创建效率。如图 4-35 所示，将实体拖拽到表格中。

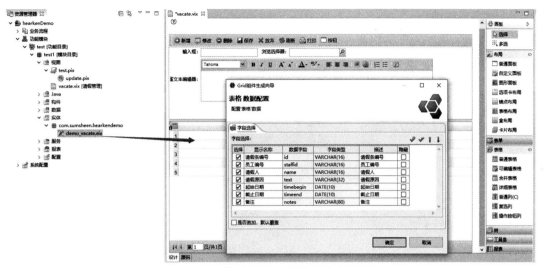

图 4-35　拖动实体到表格生成表格列

（6）添加按钮，如图 4-36 所示。

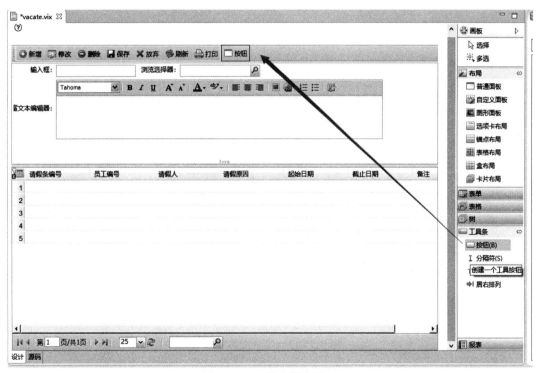

图 4-36　工具条添加按钮

（7）双击表格进行表格数据源的配置（数据源即编写好的数据库表数据查询文件，将在"数据可视化中"讲解），如图 4-37 所示。

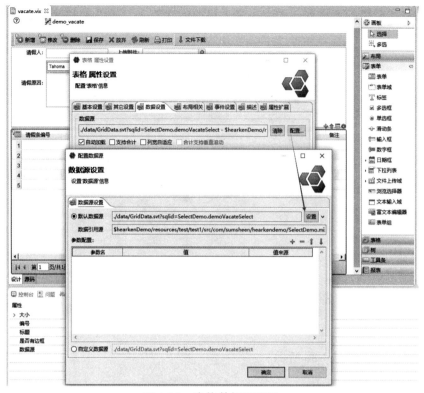

图 4-37　表格数据源配置

（8）通过往页面中拖拽构件，填充页面元素，一个页面就通过可视化的方式开发完成。

（9）编辑后完成数据源配置的页面效果如图 4-38 所示。

图 4-38　编辑好的页面

4.4.2 页面交互可视化

Web 开发离不开网页动态功能，响应用户的各种操作。绝大多数的 Web 开发都是用 JavaScript（简称"JS"）来实现这些功能。JS 是一种基于对象和事件驱动并具有相对安全性的客户端脚本语言。但是由于 JS 编写相对灵活，弱类型，错误检查和调试不方便，很难全面掌握 JS。为了有效地降低这些不利因素，平台提供页面逻辑流编辑器，用画流程图的方式进行 JS 代码的开发，开发人员只需将业务需求按照拖流程图的方式从构件库中将逻辑流拖到页面上，然后根据逻辑将这些构件装配成一个整体。

1. 新建页面逻辑与页面逻辑流

右击模块目录下的"视图"，如图 4-39 所示，创建页面逻辑。如图 4-40 所示，命名并取消勾选"创建默认页面逻辑流"，然后再次右击刚刚创建好的页面逻辑，即可进行页面逻辑流的创建，如图 4-41 所示，接着对页面逻辑流进行命名，如图 4-42 所示。每个页面逻辑下可新建多个页面逻辑流，页面逻辑将编译成 JavaScript 文件。

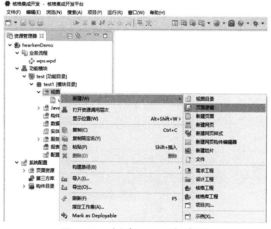

图 4-39　新建页面逻辑文件

图 4-40　页面逻辑文件命名

图 4-41   创建页面逻辑流

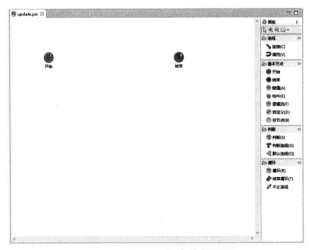

图 4-42   页面逻辑流命名

页面逻辑流编辑器如图 4-43 所示。

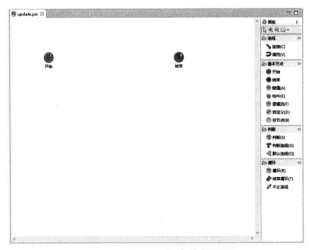

图 4-43   页面逻辑流编辑视图

2. 页面逻辑流可视化开发

（1）在建好的页面逻辑流编辑视图中可以看到，右侧画板有连线和基本、判断、循环等页面逻辑流节点。核格页面逻辑流用图形化的方式来描述处理逻辑，即用"画图"的方式来"写代码"。如图 4-44 所示，在右侧画板中点击对应的节点，再在页面逻辑流视图中点击，即可创建页面逻辑流节点，然后点击连线，鼠标将变成连线箭头，即可拖动连线将各个逻辑流节点连接起来，如图 4-45 所示。

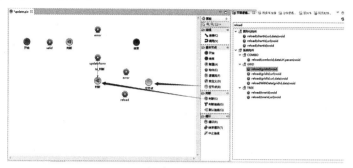

图 4-44　创建页面逻辑流节点

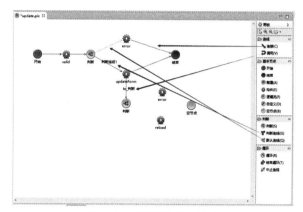

图 4-45　逻辑流节点连接

（2）编辑好的页面逻辑流如图 4-46 所示。

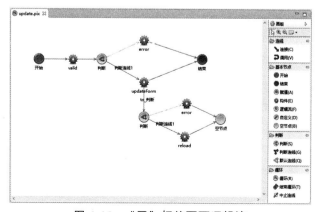

图 4-46　"画"好的页面逻辑流

（3）双击每个逻辑流节点进行参数配置，如图 4-47 所示。

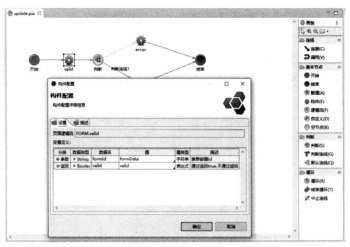

图 4-47　逻辑流节点参数配置

（4）页面逻辑编译成的 JavaScript 文件如图 4-48 所示。

```
var test_test1_test = {
    //作者：SUNSHEEN
    //创建时间：2019-03-27 11:42:31
    //描述：
    update:function(){
        // 验证id为formId的表单的输入是否合法
        valid = FORM.valid(
            "formData"
        );
        if(valid==true){
            // 默认调用数据库"修改"方法，修改一条数据。（自动从页面表单中获取数据）
            DAO.update(
                {
                    beanName:demo_vacate,
                    type:"form"
                },
                function(retData){
                    if(retData==true){
                        // 重新加载表格的数据
                        GRID.reload(
                            "grid"
                        );
                    }else{
                        // 调用该构件弹出错误信息提示框
                        MSG.error(
                            "修改失败！"
                        );
                    }
                }
            );
        }else{
            // 调用该构件弹出错误信息提示框
            MSG.error(
                "请验证表单信息！"
            );
        }

        return;
    }
}
```

图 4-48　页面逻辑编译成的 JavaScript 文件

3．逻辑流构件库

为有更好地保证页面逻辑流简单、高效地使用，需要有丰富的基础设施和工具来进一步帮助提升我们的开发和维护效率。页面逻辑流构件库就是这样的基础设施，它能把基础的技术和业务模块给稳定和积累起来，可以在各个项目中复用，以获得更高效的开发、更稳定的质量和高更的性能。

核格页面逻辑流构件库提供了丰富的构件资源，用户可直接调用来完成页面逻辑流，也可以通过用户自定义的方式灵活实现。

添加自定义库：添加自定义库操作可以将用户常用的页面逻辑流文件放到页面逻辑流构件库中，在需要时从构件库中拖入与引用逻辑流，这与从工程树中直接拖入页面逻辑流文件（*.pix）效果相同。

添加构件模板：添加构件模板操作可以将公共的页面逻辑流结构放到页面逻辑流构件库中，在需要的地方从构件库中拖入，即完成库中所定义的节点及连线布局拖入的效果等价于复制原有文件中的节点及连线到新的编辑器中。

页面逻辑流构件库如图4-49所示。

图 4-49　页面逻辑流构件库

4.4.3　图形化

核格图形化通过可视化图形编辑器，根据平台提供的各种常用图表，如柱状图、折线图和面积图等，快速创建自己所需的图表。平台的图表几乎完全是在客户端生成的，甚至连更新图表也是如此，服务器端只需要发送更新后的数据即可。图表创建操作步骤如下：

1. 新建包

（1）如图 4-50 所示，选中"报表"并右击，先新建 Java 包，图表文件都是放在包下的。

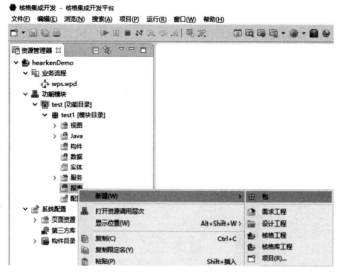

图 4-50　新建包

（2）如图 4-51 所示，对包进行命名。

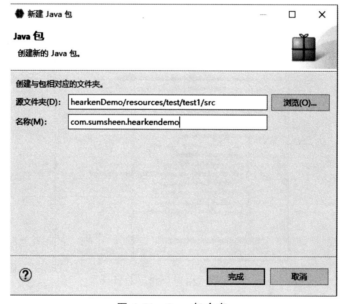

图 4-51　Java 包命名

2. 新建图表文件

（1）包建好后，选中 Java 包右击，如图 4-52 所示，新建图表文件并进行命名，如图 4-53 所示，然后选择需要的图表类型，平台会自动创建相应的图表文件。

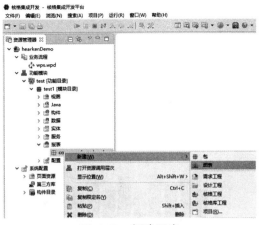

图 4-52　新建图表

图 4-53　图表命名

（2）图表命名后，点击"完成"按钮，平台会列出图表类型配置（见图 4-54），其中包含柱状图、饼状图、线型图、面积图等十几种图表类型供用户选择。

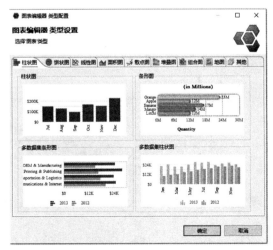

图 4-54　图表类型选择

（3）选择一种图表，平台会自动创建该图表的样式，如图 4-55 所示，用户只需要对图表进行基本设置即可。

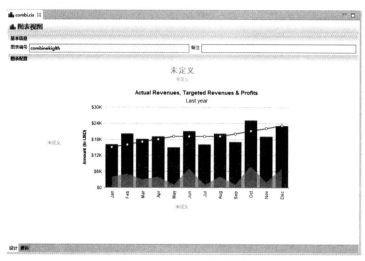

图 4-55　图表编辑视图

（4）如图 4-56 所示，双击图表进行图表数据源的配置（数据源即编写好的数据库表数据查询文件，将在"数据可视化中"讲解）。

图 4-56　图表数据源配置

（5）通过这种可视化配置开发的方式，能大大提高图表的开发效率，编辑完成后图表效果如图 4-57 所示。

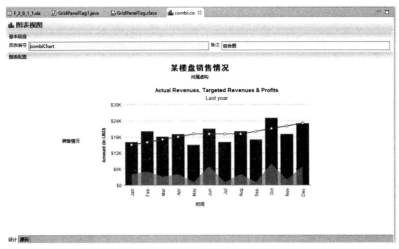

图 4-57　编辑完成的图表

4.5　业务构件可视化

业务逻辑流程作为一个功能模块的核心，如何提高开发效率、降低维护成本、增加程序稳定性成为不可回避的问题。要解决这些问题，用图形化和构件化的模式来开发业务功能已成为提升开发效率的关键所在。传统模式的软件开发是靠编写大量的代码，这种开发模式一方面增加了应用软件的开发和维护成本，另一方对开发人员的水平要求高，软件质量难以保证。基于构件装配的方式来开发业务软件，成为一种了新的革命性的选择。平台基于这种理念，完全基于 SOA 体系架构的软件定义方式、开发模式和相应的标准规范，实现了构件、组合构件、构件实现、构件装配、服务数据对象等功能。

这些标准的构件还需要通过可视化的图形拖拽的方式来实现，才能达到高效灵活地开发、运行和维护软件。图形化具有能有效地屏蔽底层技术的困难、更人性化、更易于理解和维护应用软件等众多好处。随着平台的不断的积累，平台的优点会越来越明显。

基于 Java EE 架构的软件离不开后台业务逻辑的支撑，传统的开发一般都是开发人员直接编写 Java 代码，一个功能，少则数十行，多则上千行的代码如何能高效、稳定地开发直接取决于开发人员的水平，然而，高水平的开发人员毕竟是少数。为了有效地降低业务逻辑的难度，平台将 Java 代码的编写转换成画流程图的方式。开发人员只需将业务需求按照拖流程图的方式从业务逻辑构件库从将逻辑流拖到页面上，然后根据逻辑将这些构件装配成一个整体。业务逻辑流的开发步骤如下：

1. 新建业务逻辑

如图 4-58 所示，在"构件"目录下，选中 Java 包，右击，选择新建业务逻辑，并进行命名，如图 4-59 所示。

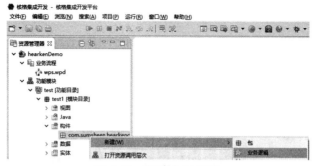

图 4-58　新建业务逻辑

图 4-59　业务逻辑命名

2. 新建业务逻辑流

如图 4-60 所示，选中业务逻辑，右击，新建业务逻辑流，并对业务逻辑流进行命名，如图 4-61 所示。每个业务逻辑下都可以创建多个业务逻辑流，业务逻辑将会被编译成 class 文件。

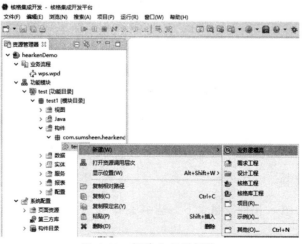

图 4-60　新建业务逻辑流

图 4-61　业务逻辑流命名

业务逻辑流编辑器如图 4-62 所示。

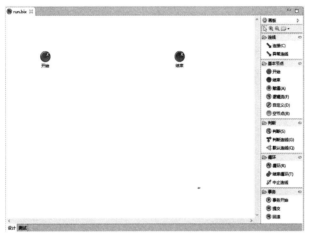

图 4-62　业务逻辑流编辑视图

3. 业务逻辑流可视化开发

在业务逻辑流编辑视图中可以看到，右侧画板有连线和基本、判断、循环和事务等业务逻辑流节点。在右侧画板中点击对应的节点，再在页面逻辑流视图中点击，即可创建业务逻辑流节点，然后点击连线，鼠标将变成连线箭头，即可拖动连线将各个逻辑流节点连接起来。

编辑完成后的业务逻辑流如图 4-63 所示。

平台针对行业业务特点，对组织的业务流程、业务单元、业务处理进行了逻辑分解，提供了灵活的业务构件，这些构件可以以拖拽的方式，在业务逻辑视图中，按业务组织的业务流程进行建模，对业务单元进行独立设置和评估，对业务处理逻辑进行封装。完成整个业务流程的组建后，用户可以直观地看到业务流程上不同阶段、不同岗位、不同处理环节的业务逻辑。平台能够根据企业的业务目标和关键业务指标（KPI），对流程中各个业务单元运行策略，进行自动评估和提供统筹修改，以达到业务处理逻辑的柔性化要求。

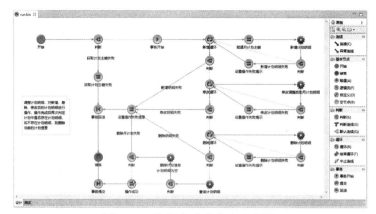

图 4-63　编辑完成的业务逻辑流

4. 业务逻辑流构件库

为了进一步地提升软件开发效率和稳定性，平台针对业务逻辑流进行统一管理，形成了以行业应用为背景的业务逻辑构件库，业务开发人员可以很方便地从资产库中找到历史经验积累。

业务逻辑流构件库如图 4-64 所示。

图 4-64　业务逻辑流构件库

4.6　实体可视化

实体是一个抽象概念，描述了数据结构的名称和类型信息。平台中所有对数据库的操作都是基于持久化实体。持久化实体通过相应的定义和配置，与数据库的表和视图进行映射，用传统的方式写持久化实体相对来说比较麻烦，需要保证名字与数据库中字段一致，否则程序便会出错。Studio 中可以直接配置与数据库的连接，通过向导创建*.eix 文件，然后可以迅速创建实体映射，在该文件中，针对数据库中表的字段、长度、类型、备注等信息直接编译成最终的实体映射文件。无论多么复杂的表结构，整个操作都可以在 20 s 内完成，大大提高了开发效率。具体操作步骤如下：

1. 新建实体

如图 4-65 所示，在"实体"目录下选中 Java 包，右击，新建实体。

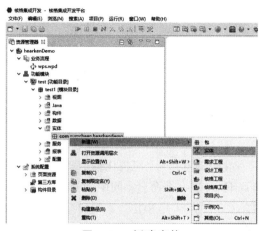

图 4-65　新建实体

2. 选择数据库表

根据创建好的数据库连接，选择一个实体映射的数据库表，接着点击"完成"，如图 4-66 所示。

图 4-66　选择数据库表

实体创建完成后如图 4-67 所示。

图 4-67　创建完成后的数据库实体

4.7　数据可视化

核格数据视图是一个可视化编辑器，一个可视化编辑器对应一个查询文件。每个查询文件都有自己的命名空间，并且全局唯一；在一个命名空间中，可以定义多个语句；每个语句都包含 ID、注释（允许为空）、返回集合（允许为空）、SQL。语句集合操作可以简化查询的编写。

常规查询：表示是常规的 SQL 查询，包括 insert、delete、update、select 等。

存储过程：调用存储过程的语句，与常规查询的区别在于返回集合不同。

1. 新建数据查询

如图 4-68 所示，在"数据"目录下，右击 Java 包，新建数据查询。

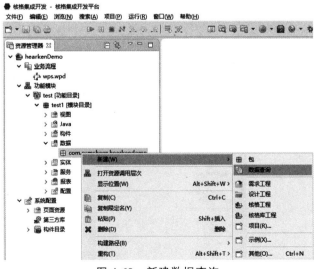

图 4-68　新建数据查询

如图 4-69 所示，对数据查询进行命名。

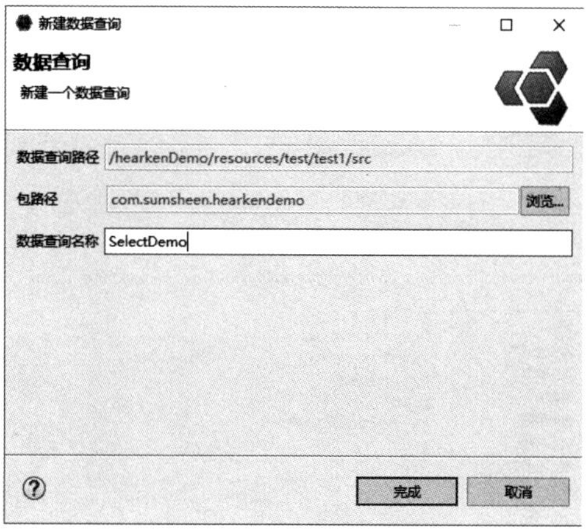

图 4-69　数据查询命名

数据查询编辑视图如图 4-70 所示。

图 4-70　数据查询编辑视图

2．快速创建常规查询

如图 4-71 所示，选择创建好的实体，拖动到数据查询编辑视图中，可通过 SQL 查询生成向导快速生成 SQL 语句。

图 4-71　SQL 生成向导

生成好的数据查询如图 4-72 所示。

图 4-72 SQL 语句快速生成

数据查询文件将会被编译成 SqlMap 文件，如图 4-73 所示。

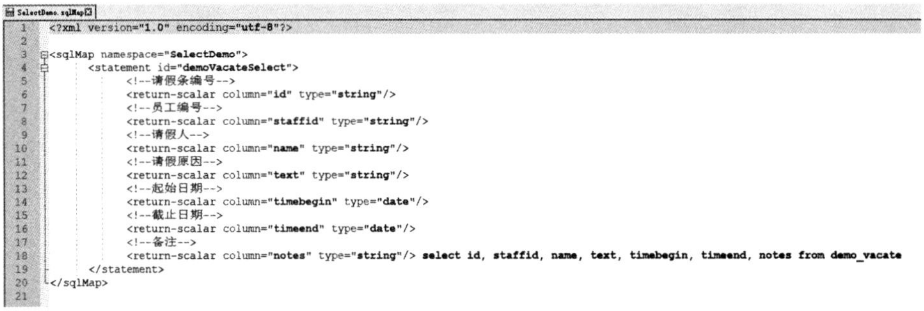

图 4-73 数据查询生成的 SqlMap 文件

4.8 服务可视化

4.8.1 Wsdl 文件可视化

核格平台能获取发布的 WebService 数据生成 wsdl 文件，并自动生成客户端代码，具体操作步骤如下。

1. 获取 wsdl 文件

如图 4-74 所示，展开"服务"下的"Wsdl"目录，右击 Java 包，选择"wsdl 文件"，此时将从服务器下载一个已发布的 wsdl 文件，如图 4-75 所示。

图 4-74　获取 wsdl 文件

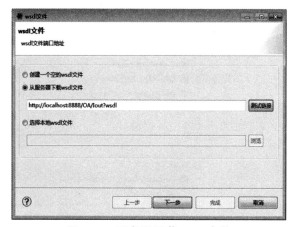

图 4-75　服务器下载 wsdl 文件

下载完成后的 wsdl 文件如图 4-76 所示。

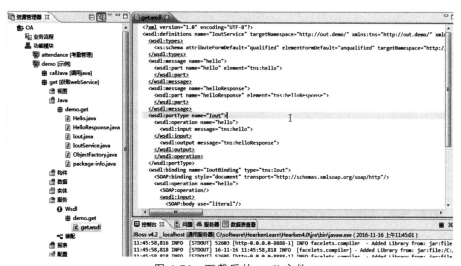

图 4-76　下载后的 wsdl 文件

2. 生成客户端代码

如图 4-77 所示，选中下载了 wsdl 文件的 Java 包，右击，选择"生成客户端代码"，此时将会在包下自动创建 Java 文件，生成的代码如图 4-78 所示。

图 4-77　生成客户端代码

图 4-78　自动创建 Java 文件

4.8.2　服务装配可视化

核格服务装配通过可视化拖拽的方式，将应用程序的不同功能单元（称为服务）通过这些服务之间定义良好的接口和契约联系连线装配起来，支持将业务转化为一组相互关联的服务或可重复业务任务，可以对这些服务进行重新组合，以完成特性的业务任务，从而让业务快速适应不断变化的客观条件和需求。通过构件的实现和组装细节的分离，核格服务装配实现了真正的松耦合。这种开发风格允许开发人员集中开发业务相关代码，而不用担心如何使其适用于整个解决方案。具体操作步骤如下：

1. 新建服务装配

如图 4-79 所示，展开"服务"下的"装配"目录，选中 Java 包，右击，选择新建服务。

图 4-79　新建服务

如图 4-80 所示，对服务文件进行命名。

图 4-80　服务文件命名

服务装配编辑视图如图 4-81 所示。

图 4-81　服务装配编辑视图

2. 服务装配开发

在服务装配编辑视图中可以看到，右侧画板有连线和一些基本的 Java 构件、组合构件和逻辑构件。在右侧画板中点击对应的构件，再在服务装配编辑视图中点击，即可创建相应的装配构件，然后点击基本连线，鼠标将变成连线箭头，即可拖动连线将各个构件连接起来。平台也支持将工程目录中的业务逻辑和 Java 文件拖动到服务装配视图中，通过连线自由组装成服务装配，操作步骤如下：

（1）如图 4-82 所示，拖动业务逻辑流生成逻辑构件。

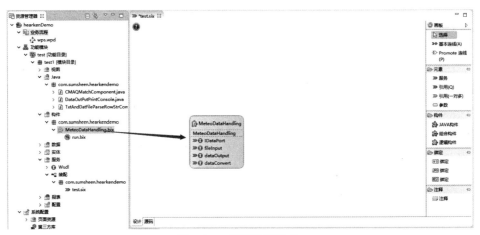

图 4-82　组装逻辑构件

（2）拖动 Java 文件生成 Java 构件。

如图 4-83 所示，将业务逻辑需要实现的 Java 文件拖动到视图中生成 Java 构件。

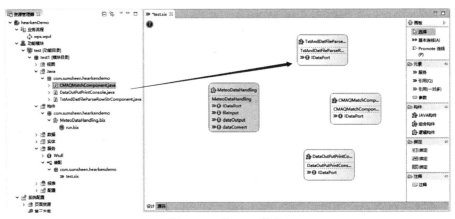

图 4-83　装 Java 构件

（3）组装服务。

业务逻辑只进行业务逻辑的编排，Java 实现具体的业务操作，在服务装配中根据它们之间定义好的接口，通过连线连接起来，再给逻辑构件开发调用接口，这样即完成了一个完整的业务，实现业务时，只需要通过逻辑构件左边开放的调用接口，进入编排好的业务逻辑，再根据每个业务逻辑接口连接的 Java 实现构件，去实现相关的业务功能，即实现了松耦合的开发方式，组装好的服务装配如图 4-84 所示。

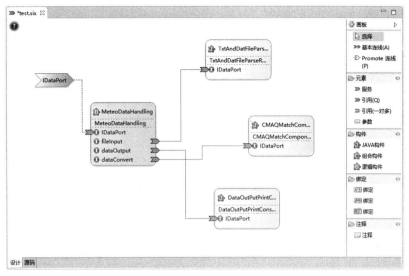

图 4-84　服务装配图

3. 服务库

通过核格服务装配产生的业务构件将保留在服务库中，这是因为服务库构件是采用统一开发标准的。因此，业务构件可以多次反复组装，而不需要再次开发。服务库中的系统构件，提供了核格相关底层数据调用构件，通过服务库中的构件可以跟平台逻辑流、业务逻辑、前台页面交互操作，用户也可以自定义开发操作构件，灵活地进行组装。服务库如图 4-85 所示。

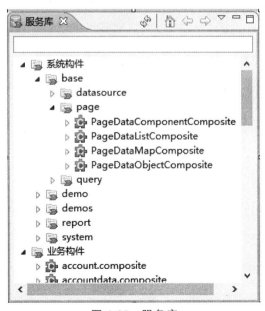

图 4-85　服务库

4.9 配置可视化

4.9.1 配置文件可视化

核格数据引擎提供五类构件动态配置机制，即系统信息描述及计算、构件状态检测、构件行为控制、构件状态传递、动态配置算法描述等机制。

采用 XML 描述动态配置算法。采用 DTD 文件描述动态配置算法模板，由 RAG 根据来自动态配置 GUI 的动态配置方案读取，利用 SIL 中的系统结构和语义信息，在算法模板中填充具体内容，生成相应的动态配置算法。

配置组件实现功能模块的快速生成：通过页面生成构件可实现（无须编程）对数据的增、改、删等操作；通过工作流构件灵活地定义应用程序流程；通过查询构件自定义各种查询功能模块；通过系统管理及授权构件实现系统功能模块的挂接以及用户功能模块权限管理；通过数据列表构件和数据感知构件实现平台数据展示和数据传递服务。具体操作步骤如下：

1. 新建配置文件

如图 4-86 所示，选中"配置"目录下的包，右击，新建配置文件。

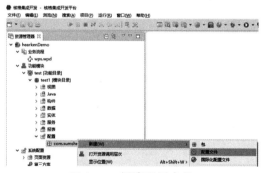

图 4-86　新建配置文件

如图 4-87 所示，为配置文件命名。

图 4-87　配置文件命名

2. 详细配置

如图 4-88 所示，在配置文件编辑视图中，可添加配置，每个配置都有自己的命名 ID，并且文件内部唯一；在每个配置中，可写入需要的配置信息。在业务开发时，可通过配置文件名以及配置 ID 获取所需要的配置信息。

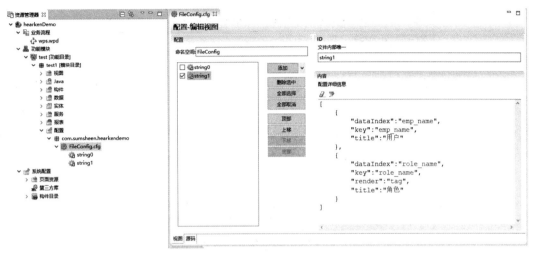

图 4-88　详细配置

4.9.2　国际化语言可视化

核格平台的国际化语言配置通过添加配置语言，设置国际化语言的键值对，达到国际化语言自由切换的效果。具体操作步骤如下：

1. 新建国际化配置文件

如图 4-89 所示，选中"配置"目录下的包，右击，新建国际化配置文件。

图 4-89　新建国际化配置文件

如图 4-90 所示，为国际化文件命名。

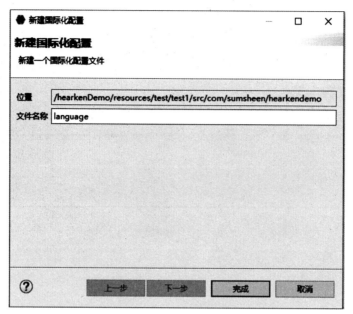

图 4-90　国际化文件命名

2. 语言配置

如图 4-91 所示，在语言配置视图中可添加中文、英文或其他语言。

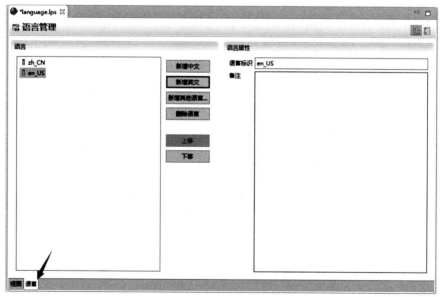

图 4-91　语言管理

如图 4-92 所示，进行国际化语言配置。

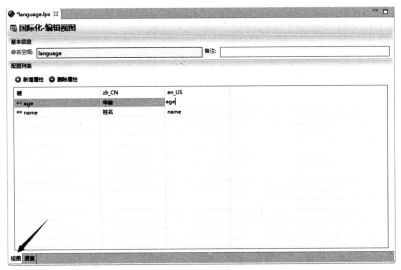

图 4-92　国际化语言配置

4.10　小　结

本章通过业务流程、页面、页面逻辑等文件的代码实现，讲解了可用于开发 SOA 应用的开发平台如何实现代码自动生成。

第5章　分布式微服务管理平台

SOA 架构中数据库存储可能会共享，微服务强调单独的每个服务都是单独数据库，保证服务与服务之间互不影响。微服务不再强调传统 SOA 架构里比较重视的 ESB 企业服务总线，同时 SOA 的思想进入单个业务系统内部实现真正的组件化。微服务是 SOA 的一种轻量级的解决方案，其本质还是 SOA。

本章通过描述 SOA 和微服务的区别，讲解了微服务架构的功能特点，并且详细介绍了核格分布式应用服务——一种基于方法论的微服务解决方案。

5.1　微服务概述

微服务是指开发单个小型的但有业务功能的服务，每个服务都有自己的处理和轻量通信机制，可以部署在单个或多个服务器上。微服务也可以指一种松耦合、有一定的边界上下文的面向服务架构。也就是说，如果每个服务都要同时修改，那么它们就不是微服务，因为它们紧耦合在一起；如果需要掌握一个服务太多的上下文场景使用条件，那么它就是一个有上下文边界的服务。

相对于单体架构和 SOA，微服务的主要特点是组件化、松耦合、自治、去中心化，主要体现在以下 4 个方面：

（1）一组小的服务：服务粒度要小，而且每个服务是针对一个单一职责的业务能力的封装，专注做好一件事情。

（2）独立部署运行和扩展：每个服务能够独立被部署并运行在一个进程内。这种运行和部署方式能够赋予系统灵活的代码组织方式和发布节奏，使得快速交付和应对变化成为可能。

（3）独立开发和演化：技术选型灵活，不受遗留系统技术约束。合适的业务问题选择合适的技术可以独立演化。服务与服务之间采取与语言无关的 API 进行集成。相对于单体架构，微服务架构是更面向业务创新的一种架构模式。

（4）独立团队和自治：团队对服务的整个生命周期负责，工作在独立的上下文中，自己决策自己治理，而不需要统一的指挥中心。团队和团队之间通过松散的社区部落进行衔接。

与单体应用不同，微服务注重功能的纵向拆分，如图 5-1 所示。

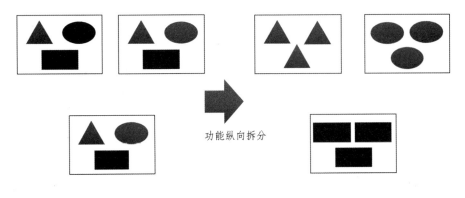

功能纵向拆分

单体应用　　　　　　　　　　　　　　　　微服务

图 5-1　单体应用与微服务功能拆分

微服务更加专注于解耦，且在 AKF 拆分立方体（Scalability Cube）中更加关注功能分解，如图 5-2 所示，详细原则会在实施原则时说明。

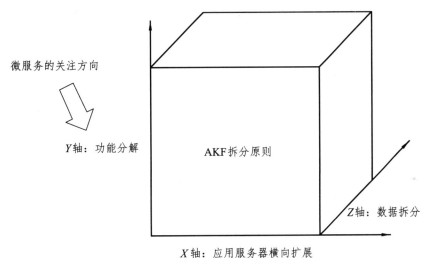

微服务的关注方向

Y轴：功能分解

AKF拆分原则

Z轴：数据拆分

X 轴：应用服务器横向扩展

图 5-2　微服务的关注方向

微服务与 SOA 的区别：

微服务架构在某种程度上是面向服务的架构 SOA 的继续发展。基本上，这种架构类型是开发软件、网络或移动应用程序作为独立服务套件（又称微服务）的一种特殊方式。这些服务的创建仅限于一个特定的业务功能，如用户管理、用户角色、电子商务车、搜索引擎、社交媒体登录等。此外，它们是完全独立的，也就是说它们可以写入不同的编程语言并使用不同的数据库。集中式服务管理几乎不存在，微服务使用轻量级 HTTP、REST 或 Thrift API 进行通信。

暂时看来微服务架构讨论的是 SOA 相同的事情。不过，如果引用微软服务领域的先驱 Martin Flower，我们则应该把 SOA 看作微服务的超集。那么，差异在什么地方呢？表 5-1 详细分析了这一点。

表 5-1　SOA 与微服务架构对比

SOA	微服务架构
应用程序服务的可重用性的最大化	专注于解耦
系统性的改变需要修改整体	系统性的改变时创建一个新的服务
DevOps 和持续交付正变得流行,但还不是主流	强烈关注 DevOps 和持续交付
专注于业务功能重用	更重视"上下文边界"的概念
通信使用企业服务总线 ESB	对于通信而言,使用较少精细和简单的消息系统
支持多种消息协议	使用轻量级协议,如 HTTP、REST 或 Thrift API
对部署到它的所有服务使用通用平台	应用程序服务器不是真的被使用,通常使用云平台
容器(如 Docker)的使用不太受欢迎	容器在微服务方面效果很好
SOA 服务共享数据存储	每个微服务可以有一个独立的数据存储
共同的治理和标准	轻松的治理,更加关注团队协作和选择自由

下面进一步解释表 5-1 所述的不同之处:

（1）开发方面:在这两种体系结构中,可以使用不同的编程语言和工具开发服务,从而将技术多样性带入开发团队。开发可以在多个团队中组织,但是在 SOA 中,每个团队都需要了解常见的通信机制。另一方面,使用微服务,服务可以独立于其他服务运行和部署。因此,频繁部署新版本的微服务或独立扩展服务会更容易。

（2）"上下文边界":SOA 鼓励组件的共享,而微服务尝试通过"上下文边界"来最小化共享。上下文边界是指以最小的依赖关系将组件及其数据耦合为单个单元。由于 SOA 依靠多个服务来完成业务请求,构建在 SOA 上的系统可能比微服务要慢。

（3）通信:在 SOA 中,ESB 可能成为影响整个系统的单一故障点。由于每个服务都通过 ESB 进行通信,如果其中一个服务变慢,可能会阻塞 ESB 并请求该服务。另一方面,微服务在容错方面要好得多。例如,如果一个微服务存在内存错误,那么只有该微服务会受到影响,所有其他微服务将继续定期处理请求。

（4）互操作性:SOA 通过消息中间件组件促进了多种异构协议的使用。微服务试图通过减少集成选择的数量来简化架构模式。因此,如果想要在异构环境中使用不同协议来集成多个系统,则需要考虑 SOA。如果所有服务都可以通过相同的远程访问协议访问,那么微服务是一个更好的选择。

（5）大小:SOA 和微服务的主要区别在于规模和范围。微服务架构中的前缀"微"是指内部组件的粒度,意味着它们必须比 SOA 架构的服务往往要小得多。一方面,微服务中的服务组件通常有一个单一的目的。另一方面,在 SOA 服务中通常包含更多的业务功能,并且通常将它们实现为完整的子系统。

以下是微服务与 SOA 在系统服务上的区别:

（1）微服务剔除 SOA 中复杂的 ESB 企业服务总线,所有的业务智能逻辑在服务内部处理，使用 Http（Rest API）进行轻量化通信。

（2）SOA 强调按水平架构划分为：前端、后端、数据库、测试等，微服务强调按垂直架构划分，按业务能力划分，每个服务完成一种特定的功能，服务即产品。

（3）SOA 将组件以 Library 的方式和应用部署在同一个进程中运行，微服务则是各个服务独立运行。

（4）传统应用倾向于使用统一的技术平台来解决所有问题，微服务可以针对不同业务特征选择不同技术平台，去中心统一化，发挥各种技术平台的特长。

（5）SOA 架构强调的是异构系统之间的通信和解耦合（是一种粗粒度、松耦合的服务架构）。

（6）微服务架构强调的是系统按业务边界做细粒度的拆分和部署。

5.2 微服务框架实施基本原则

当然，在微服务架构的实践过程中，遇到的最大的难题就是拆分问题。由于拆分的粒度不同，会影响最终微服务实施的性能和运维的难易程度。

微服务拆分：围绕业务功能进行垂直和水平拆分。大小粒度是难点，也是团队争论的焦点。在实践中存在以下对微服务的拆分情况：

（1）以代码量作为衡量标准，如 500 行以内。

（2）拆分的粒度越小越好，如以单个资源的操作粒度为划分原则。

这样的实践原则在实际应用过程中明显存在着问题。代码量多少不能作为衡量微服务划分是否合理的原则，因为我们知道同样一个服务，功能本身的复杂性不同，代码量也不同。还有一点需要重点强调，在项目刚开始的时候，不要期望微服务的划分一蹴而就。

所以在微服务实践过程中，建议可以通过以下 4 个原则来进行服务的划分：

（1）功能完整性、职责单一性。

（2）粒度适中，团队可接受。

（3）迭代演进，非一蹴而就。

（4）API 的版本兼容性优先考虑。

微服务架构的演进，应该是一个循序渐进的过程。在一个公司、一个项目组，它也需要一个循序渐进的演进过程。一开始划不好，没有关系。当演进到一个阶段时，微服务的部署、测试和运维等成本都非常低的时候，这便是一个好的微服务。

因此，为了达成各阶段成本都比较低这个目标，微服务架构在实施的时候需要遵循五大原则：设计原则、开发原则、测试原则、部署原则和治理原则。每一个原则下有更加具体的划分，以下是详细介绍。

5.2.1 微服务架构的设计原则

微服务架构的设计原则主要有以下 4 点：

（1）AKF 拆分原则。

（2）前后端分离。

（3）无状态服务。

（4）Restful 通信风格。

1. AKF 拆分原则

AKF 扩展立方体（参考 *The Art of Scalability*），是一个叫 AKF 的公司的技术专家抽象总结的应用扩展的三个维度，如图 5-3 所示。理论上按照这三个扩展模式，可以将一个单体系统进行无限扩展。

微服务拆分方式：

- 见右图 Y 轴所示方式，即按照不同的服务功能进行拆分。

微服务拆分要点：

- 低耦合、高内聚：一个服务完成一个独立的功能。
- 按团队结构，小规模团队维护，快速迭代。

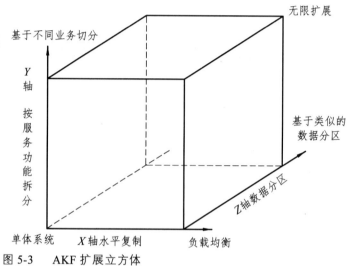

图 5-3　AKF 扩展立方体

X 轴：指的是水平复制，很好理解，即单体系统多运行几个实例，做个集群负载均衡的模式。

Z 轴：是基于类似的数据分区，比如一个互联网打车应用突然火了，用户量激增，集群模式撑不住了，那就按照用户请求的地区进行数据分区，如在北京、上海、四川等地多建几个集群。

Y 轴：就是我们所说的微服务的拆分模式，是基于不同的业务拆分。

场景说明：比如打车应用，一个集群撑不住时，分了多个集群，后来用户激增还是不够用，经过分析发现是乘客和车主访问量很大，就将打车应用拆成了三个服务乘客服务、车主服务、支付服务。三个服务的业务特点各不相同，独立维护，各自都可以再次按需扩展。

2. 前后端分离

前后端分离原则（见图 5-4），简单来讲就是前端和后端的代码分离，也就是技术上做分离，推荐的模式是最好直接采用物理分离的方式部署，进一步促使进行更彻底的分离。不要继续以前的服务端模板技术，如 JSP 把 Java、JS、HTML、CSS 都堆到一个页面里，稍复杂的页面就无法维护。这种分离模式的方式有 3 个好处：

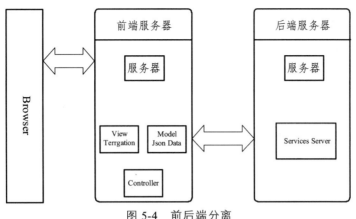

图 5-4　前后端分离

（1）前后端技术分离，可以由各自的专家来对各自的领域进行优化，这样前端的用户体验优化效果会更好。

（2）分离模式下，前后端交互界面更加清晰，就剩下了接口和模型，后端的接口简洁明了，更容易维护。

（3）前端多渠道集成场景更容易实现，后端服务无须变更，采用统一的数据和模型，可以支撑前端的 Web UI、移动 App 等访问。

3. 无状态服务

对于无状态服务，首先说一下什么是状态：如果一个数据需要被多个服务共享，才能完成一笔交易，那么这个数据被称为状态。进而依赖这个"状态"数据的服务被称为有状态服务，反之被称为无状态服务，如图 5-5 所示。

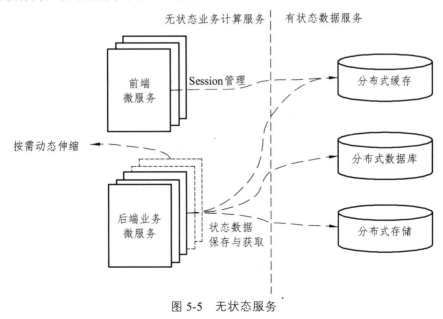

图 5-5　无状态服务

那么这个无状态服务原则并不是说在微服务架构里就不允许存在状态，表达的真实意思是要把有状态的业务服务改变为无状态的计算类服务，那么状态数据也就相应地迁移到对应的"有状态数据服务"中。

场景说明：例如以前在本地内存中建立的数据缓存、Session 缓存，到现在的微服务架构中就应该把这些数据迁移到分布式缓存中存储，让业务服务变成一个无状态的计算节点。迁移后，就可以做到按需动态伸缩，微服务应用在运行时动态增删节点，就不再需要考虑缓存数据如何同步的问题。

4. Restful 通信风格

作为一个原则来讲本来应该是一个"无状态通信原则"，在这里直接推荐一个实践优选的 Restful 通信风格（见图 5-6），原因如下：

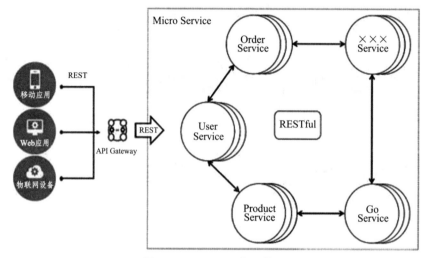

图 5-6　Restful 通信风格

（1）无状态协议 HTTP，具备先天优势，扩展能力很强，例如需要安全加密时，有现成的成熟方案 HTTPS 可用。

（2）JSON 报文序列化，轻量简单，人与机器均可读，学习成本低，搜索引擎友好。

（3）语言无关，各大热门语言都提供成熟的 Restful API 框架，相对其他的一些 RPC 框架生态更完善。

当然在有些特殊业务场景下，也需要采用其他的 RPC 框架，如 Thrift、Avro-RPC、gRPC，但绝大多数情况下 Restful 就足够用了。

5.2.2　微服务架构的开发原则

微服务的开发还会面临依赖滞后的问题。例如：A 要做一个身份证号码校验，依赖服务提供者 B。由于 B 把身份证号码校验服务的开发优先级排得比较低，无法满足 A 的交付时间点。A 会面临要么等待，要么自己实现一个身份证号码校验功能。

以前使用单体架构的时候，大家需要什么，往往自己就写什么，这其实是没有太严重的依赖问题。但是到了微服务时代，微服务是一个团队或者一个小组提供的，这个时候一定没有办法在某一个时刻同时把所有的服务都提供出来，"需求实现滞后"是必然存在的。

一个好的实践策略就是接口先行，语言中立，服务提供者和消费者解耦，并行开发，提升产能。无论有多少个服务，首先需要把接口识别和定义出来，然后双方基于接口进行契约驱动开发，利用 Mock 服务提供者和消费者，互相解耦，并行开发，实现依赖解耦。

采用契约驱动开发，如果需求不稳定或者经常变化，就会面临一个接口契约频繁变更的问题。对于服务提供者，不能因为担心接口变更而迟迟不对外提供接口；对于消费者，要拥抱变更，而不是抱怨和抵触。要解决这个问题，一种比较好的实践就是管理+技术双管齐下：

（1）允许接口变更，但是对变更的频度要做严格管控。

（2）提供全在线的 API 文档服务（如 Swagger UI），将离线的 API 文档转成全在线、互动式的 API 文档服务。

（3）API 变更的主动通知机制，要让所有消费该 API 的消费者能够及时感知到 API 的变更。

（4）契约驱动测试，用于对兼容性做回归测试。

5.2.3　微服务架构的测试原则

微服务开发完成之后需要对其进行测试。微服务的测试包括单元测试、接口测试、集成测试和行为测试等，其中最重要的就是契约测试，如图 5-7 所示。

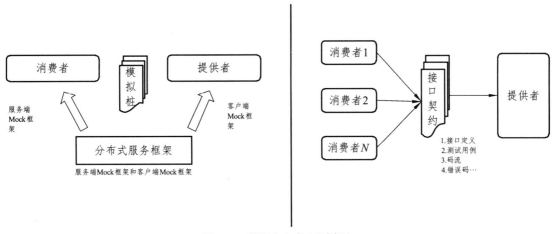

图 5-7　微服务架构测试框架

利用微服务框架提供的 Mock 机制，可以分别生成模拟消费者的客户端测试桩和提供者的服务端测试桩，双方可以基于 Mock 测试桩对微服务的接口契约进行测试，双方都不需要等待对方功能代码开发完成，实现了并行开发和测试，提高了微服务的构建效率。基于接口的契约测试还能快速地发现不兼容的接口变更，如修改字段类型、删除字段等。

5.2.4 微服务架构的部署原则

测试完成之后，需要对微服务进行自动化部署。微服务的部署原则：独立部署和生命周期管理、基础设施自动化。需要有一套类似于 CI/CD 的流水线来做基础设施自动化，具体可以参考的 Netflix 开源的微服务持续交付流水线 Spinnaker，如图 5-8 所示。

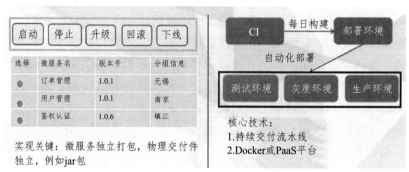

图 5-8 微服务部署流水线

微服务可以部署在 Dorker 容器、PaaS 平台（VM）或者物理机上。使用 Docker 部署微服务会带来很多优势：

（1）一致的环境，线上线下环境一致。

（2）避免对特定云基础设施提供商的依赖。

（3）降低运维团队负担。

（4）高性能接近裸机性能。

（5）多租户。

相比于传统的物理机部署，微服务可以由 PaaS 平台实现微服务自动化部署和生命周期管理。除了部署和运维自动化，微服务云化之后还可以充分享受到更灵活的资源调度，具体体现在以下两点：

（1）云的弹性和敏捷。

（2）云的动态性和资源隔离。

5.2.5 微服务架构的治理原则

微服务部署上线之后，最重要的工作就是服务治理。微服务治理原则：线上治理、实时动态生效。微服务常用的治理策略有以下 9 种方式：

（1）流量控制：动态、静态流控制。

（2）服务降级。

（3）超时控制。

（4）优先级调度。

（5）流量迁移。

（6）调用链跟踪和分析。

（7）服务路由。

（8）服务上线审批、下线通知。

（9）SLA 策略控制。

微服务通用的治理模型如图 5-9 所示。

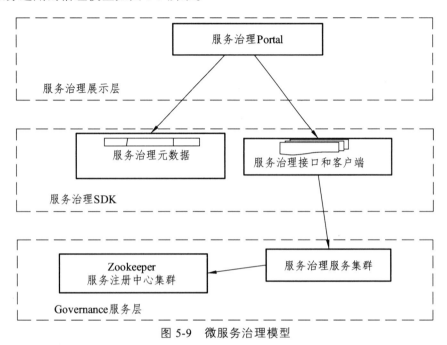

图 5-9　微服务治理模型

最上层是微服务治理的 UI 界面，提供在线、配置化的治理界面供运维人员使用。SDK 层提供了微服务治理的各种接口，供服务治理 Portal 调用。最下面的就是被治理的微服务集群，集群各节点会监听服务治理的操作去做实时刷新。例如：修改了流控阈值之后，服务治理服务会把新的流控的阈值刷到服务注册中心，服务提供者和消费者监听到阈值变更之后，获取新的阈值并刷新到内存中，实现实时生效。由于目前服务治理策略数据量不是特别大，所以可以将服务治理的数据放到服务注册中心（如 etcd/ZooKeeper），没有必要再单独做一套。

5.3　核格分布式应用服务

分布式开发框架是分布式开发方法的应用和工具。当应用越来越多，应用之间交互不可避免，将核心业务抽取出来，作为独立的服务，逐渐形成稳定的服务中心，使前端应用能更快速地响应多变的市场需求。此时，用于提高业务复用及整合的分布式服务框架（RPC）是关键。下面介绍基于核格方法论的分布式开发框架实施方案——核格分布式应用服务。

5.3.1 系统简介

核格分布式应用服务（HKDAS，HearKen Distributed Application Service），是一个分布式应用集中监控管理的企业级云计算解决方案。HKDAS 包括分布式应用核心框架、分布式数据化运营、应用全生命周期管理等，以应用为中心，集成到企业级分布式应用服务平台上，帮助企业级客户轻松构建并托管分布式应用服务体系。其提供高性能的 RPC 框架，能构建高可用的分布式系统，考虑各个应用之间的分布式服务发现、服务路由、服务调用及服务安全等细节，并且能单独部署到公司内网。

核格分布式应用服务主要有以下 4 个特点：

（1）化繁为简：定位为"轻量级、易使用"。

（2）集众家之长：DUBBO、HSF、Spring Cloud、SOFA 等为参考对象。

（3）自主可控：核格 RPC 协议，从底层开始的细粒度完全控制。

（4）多种运行环境：一个物理机可部署多个应用，也可虚拟化部署。

核格分布式应用服务的关键词如图 5-10 所示。

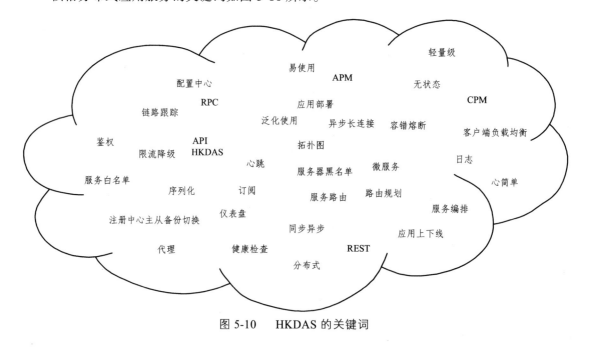

图 5-10　HKDAS 的关键词

1. 应用的基本架构

1）HKDAS 逻辑架构

HKDAS 基于核格方法论的思想，遵循软件开发规范和安全标准规范，同时以虚拟化容器和物理 IT 基础设施作为基础，能够适配第三方容器架构和服务架构。

其逻辑架构如图 5-11 所示。

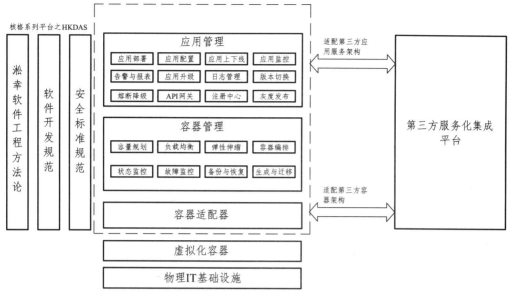

图 5-11　HKDAS 的逻辑架构

2）HKDAS 部署架构

核格分布式应用服务的部署极为灵活，不仅可以部署于虚拟化环境（云化部署），也可直接部署于物理环境（私有化部署，移动端、物联网、浏览器等），以适应特殊的业务、安全要求，同时核格分布式应用服务还可进行离线或在线扩展，通过远程控制访问。

其部署架构如图 5-12 所示。

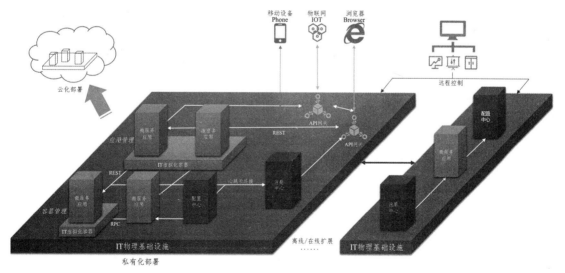

图 5-12　HKDAS 的部署架构

3）HKDAS 容器组成

核格分布式应用服务的容器组成（见图 5-13）包括：应用软件包、应用 IOC 容器、负载均衡器、应用启动器、异步长连接通信框架和容器管理等。

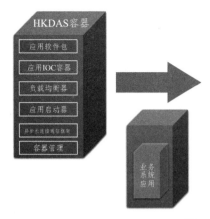

- ◆ 应用软件包:业务系统应用软件发布包,支持发布war,jar等程序包;
- ◆ 应用IOC容器:远程代理及本地服务;
- ◆ 负载均衡器:多种服务调度策略及容错策略;
- ◆ 应用启动器:提供在虚拟化等环境的启动服务;
- ◆ 异步长连接通信框架:基于TCP协议的长连接通信,利用心跳实时感知容器应用状态。

图 5-13　HKDAS 的容器组成

4）HKDAS 组成模块

核格分布式应用服务主要组成模块有服务注册中心、服务监控中心、服务提供者、服务消费者、应用管理和容器管理。组成模块之间的关系如图 5-14 所示。

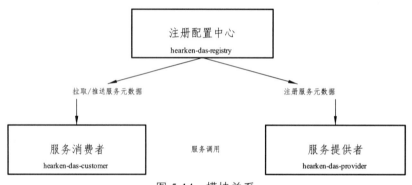

图 5-14　模块关系

"服务提供者"启动时会扫描类上的相关注解,获取自身提供的服务的元数据,将服务注册到"注册配置中心"。当"服务消费者"启动时,也会扫描相关的注解提取相关的服务订阅信息,向"注册配置中心"发起服务订阅请求,"注册配置中心"将该服务消费者所需的服务元数据推送回去,"服务消费者"拿到这些服务的元数据,就可以在需要调用远程服务的时候,直接向"服务提供者"发起服务的远程调用。"注册配置中心"在有"服务提供者"发起服务注册请求的时候,会检测是否有"服务消费者"已经订阅了其中的某些服务,如果存在有这样的服务,"注册配置中心"也会将该服务提供者的信息推送到订阅了该服务的消费者。消费者需要调用服务时,如果调用的服务的"服务提供者"存在多个,会提供给消费者三种负载均衡的策略算法去调用这些服务,形成客户端负载均衡模式。这三种算法策略包括:随机选择法、轮询法和基于权重的随机法。服务在调用时根据这三种策略选出其中一个服务提供者直接调用。

负载均衡策略解释:

（1）随机法:从所要调用服务的提供者列表中随机选择一个。

（2）轮询法：按照所要调用服务的提供者列表依次调用。

（3）基于权重的随机法：根据权重去选择从所要调用服务的提供者列表中随机选择一个，权重值越大随机到的概率越大。例如，某一个服务有三个提供者，权重分别为 5、10 和 15，那么这三个服务随机到的概率分别为 1/6、1/3 和 1/2。

HKDAS 中服务消费者和服务提供者之间使用 RPC 长连接通信，与链路跟踪（APM）之间使用非入侵式探针通信，与注册中心之间使用心跳的方式通信。其交互关系如图 5-15 所示。

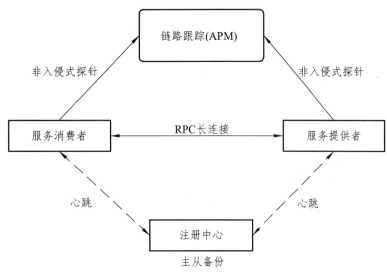

图 5-15　HKDAS 模块之间的交互关系

5）HKDAS 技术交互过程

核格分布式应用服务的技术交互过程如图 5-16 所示，服务消费者调用服务远程（同步或异步的方式）后由服务代理执行数据序列化，通过异步非阻塞通信框架后达到 HKDAS 容器，然后经过数据反序列化在处理线程池中进行服务本地调用，调用的即为服务提供者提供的服务。

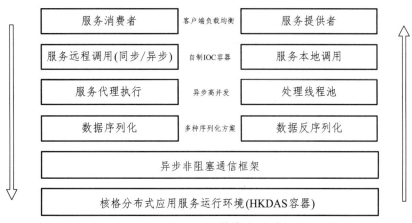

图 5-16　HKDAS 技术交互过程

6）HKDAS 应用建议场景

在核格分布式应用服务的应用中，建议：

（1）REST 接口面向终端，RPC 面向服务端。

（2）业务色彩浓的用 REST 接口封装，通用性强的用 RPC 实现。

（3）把有状态的业务服务改变为无状态的计算类服务。

其应用场景如图 5-17 所示。

应用场景之一
数据可视化
HKDAS
数据源
REST
网关
REST
RPC
REST

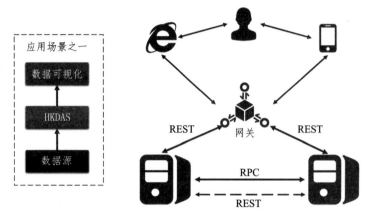

图 5-17　HKDAS 的应用场景

2. 系统软硬要求

部署 HKDAS 所需要的系统最低性能要求：

（1）操作系统：Linux 内核 3.10 以上，Windows 7 及以上版本。

（2）CPU：双核及以上，主频 2.5 GHz 及以上。

（3）内存：8 GB。

（4）JER：1.8 及以上版本。

5.3.2　应用开发

1. 在项目中加入 SDK 包

离线复制如图 5-18 所示的 jar 包到 Java 项目中。

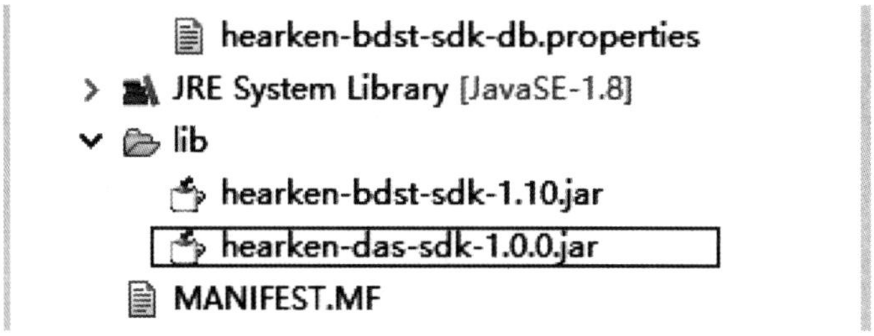

hearken-bdst-sdk-db.properties
JRE System Library [JavaSE-1.8]
lib
hearken-bdst-sdk-1.10.jar
hearken-das-sdk-1.0.0.jar
MANIFEST.MF

图 5-18　SDK 开发工具包

复制完成后再将该 hearken-das-sdk-1.0.0.jar 包加入项目的引用,便完成了 SDK 包的添加,如图 5-19 所示。

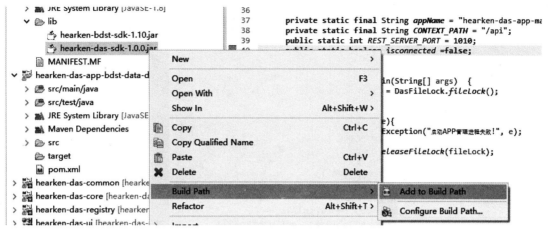

图 5-19　加入类路径

2. HKDAS 应用的入口

（1）在启动类上加入 @DasBootApplication 注解。

（2）调用 DasApplication 类的 run 方法（静态方法）。

简单的应用开发案例如图 5-20 所示。

```java
 1  package com.sunsheen.jfids.das.app;
 2
 3⊕ import com.sunsheen.jfids.das.core.DasApplication;
 5
 6  @DasBootApplication
 7  public class App
 8  {
 9
10⊖   public static void main(String[] args)
11    {
12       DasApplication.run(App.class, args);
13    }
14  }
15
```

图 5-20　应用案例

3. 发布服务

1）REST 服务

创建一个普通的 Java 类，在类上加注解 @Bean，将该类加入 HKDAS 应用容器。再添加注解 @Path，表示该类 Rest 接口的根路径。再为这个类写一个方法，在方法上可以添加 @Path 表示 Rest 服务的具体路径，@POST 表示可以通过 POST 方法访问，@GET 表示可以通过 GET 方法访问，@Produces 表示返回参数的格式，@Consumes 表示参数传递的格式。

简单的应用开发案例如图 5-21 所示。

```
1   package com.sunsheen.jfids.das.core.service.rest.app;
2
3⊕ import java.util.List;
18
19  @Bean("大数据平台sql查询服务")
20  @Path("bdst")
21  public class IndexResouce
22  {
23
24
25
26⊖   @POST
27    @GET
28    @Path("data/postgresql")
29    @Produces({"application/json"})
30    public Response getData(@QueryParam("sql")String sql1,@FormParam("sql")String sql2){
31        List<Map<String, String>> result = null;
32        if(StringHelper.isNotEmpty(sql1)){
33            result = HearkenDataQuery.getData(sql1);
34        }
35        if(StringHelper.isNotEmpty(sql2)){
36            result = HearkenDataQuery.getData(sql2);
37        }
38        return Response.status(Response.Status.OK).entity(result).build();
39    }
40
41⊖   @GET
42    @Path("data/three-kingdoms")
43    @Produces({"application/json"})@Consumes
44    public Response getThreeKingdoms(){
45        List<Map<String, String>> result = null;
46        String sql = "select * from data_sanguo;";
47        result = HearkenDataQuery.getData(sql);
48        return Response.status(Response.Status.OK).entity(result).build();
49    }
50
51
52  }
53
```

图 5-21　Rest 服务开发案例

2）RPC 服务

服务消费者和服务提供者之间的 RPC 服务，需通过统一的接口调用，因此在发布一个服务之前，应该确定一个 Java 接口。然后服务提供者需要实现这个接口，并将这个接口发布为一个服务。首先在接口实现类上添加@Bean 注解，将该类加入 HKDAS 应用容器，再添加@Provider 注解，该注解有一个参数，参数值为需要发布的接口类型的 Class，应用开发案例如图 5-22 所示。

```
 18   @Bean(value="DAS测试服务",version="2.0")
 19   @Provider(ServiceProvider.class)
 20   public class ServiceProviderV2Impl implements ServiceProvider {
△21⊖       public String getData(String arg){
 22            return "hello " +arg;
 23        }
 24
 25⊖     /* (非 Javadoc)
 26      * @see com.sunsheen.jfids.das.core.ServiceProvider#getServiceModel(com.su
 27      */
 28⊖     @Override
△29     public ServiceModel getServiceModel(ServiceModel serviceModel) {
 30            serviceModel.setName("这是改变后的值V11111112.0:"+serviceModel.getName());
 31            return serviceModel;
 32        }
 33
 34⊖     @Override
△35     public CustomException getCustomException(ServiceModel serviceModel) {
 36            // TODO Auto-generated method stub
 37            return null;
 38        }
 39
 40⊖     /* (非 Javadoc)
 41      * @see com.sunsheen.jfids.das.core.test.model.ServiceProvider#getSchool(c
 42      */
 43⊖     @Override
△44     public School getSchool(Classes classes, Student student) {
 45            School school = new School();
 46            return school;
 47        }
 48
 49⊖     @Override
△50     public School getSchool() {
 51            return null;
 52        }
 53   }
```

图 5-22　RPC 服务开发案例

4. 订阅服务

在 HKDAS 应用的入口类中加入注解@Subscribe，该注解参数解释如图 5-23 所示。

```
/**
 *  服务接口订阅注解
 *  @author xiaohui
 *
 */
@Documented
@Retention(RetentionPolicy.RUNTIME)
@Target(ElementType.TYPE)
@Inherited
@Repeatable(Subscribes.class)
public @interface Subscribe {
    Class<?> value();  //订阅的服务接口.
    boolean async()   default false;//是否异步调用. 默认否. 即同步.
    String version() default Const.DEFAULT_VERSION;  //服务默认版本号.
    long timeout() default 1000*60*2;//服务消费超时默认时间.
    String cluster() default RPCFailAction.FAST;//默认容错策略. 快速失败.
    int times() default 2;//当容错策略为"Failover"是重复的次数.
    byte serialize() default SerializeType.DEFAULT;
}
```

图 5-23　订阅服务注解

通过该注解可以指定订阅服务的接口和版本号、服务调用的方式（同步和异步）、服务调用超时时间、服务调用容错的方式、服务调用时数据序列化的方式。

服务调用失败容错方式解释如图 5-24 所示。

```java
/**
 * 失败自动切换，当出现失败，重试其它服务器
 */
public static final String OVER = "Failover";
/**
 * 快速失败，只发起一次调用，失败立即报错
 */
public static final String FAST = "Failfast";
/**
 * 失败安全，出现异常时，直接忽略。
 */
public static final String SAFE = "Failsafe";
/**
 * 失败自动恢复，后台记录失败请求，定时重发。
 */
public static final String BACK = "Failback";
/**
 * 并行调用多个服务器，只要一个成功即返回。
 */
public static final String FORKING = "Forking";
```

图 5-24 服务调用容错解释

订阅服务案例如图 5-25 所示。

```java
@DasBootApplication()
@Subscribe(ServiceProvider.class)
public class DasProviderAndConsumerApplicationForSynchronizationTest {

    public static void main(String[] args) throws InterruptedException {

        DasApplication.run(DasProviderAndConsumerApplicationForSynchronizationTest.class, args);


        //TimeUnit.SECONDS.sleep(10);

        long loop = 100;

        ServiceProvider serviceProvider = ServiceContexts.find(ServiceProvider.class);
        long start = System.currentTimeMillis();
        if(serviceProvider==null){
            System.out.println("服务为空!");
        }else{
            for(int i=0;i<loop;i++){
                    ServiceModel serviceModel = new ServiceModel();

                    //  serviceModel.setName("肖华"+i);
                    byte[] bytes = new byte[1024];
                    serviceModel.setName("XH"+i);
                    serviceModel.setBytes(bytes);
                    System.out.println(serviceProvider.getServiceModel(serviceModel).getName());

            }
        }

        System.out.println("平均耗时:"+(System.currentTimeMillis()-start)/loop);//1M 情况下500毫秒; 500K情况下
    }
}
```

图 5-25 服务订阅案例

5. Rest 服务文档生成

在 Rest 服务的方法和参数上面添加注解，系统启动时自动通过解析注解内容生成相关文档。相关注解解释如下：

@Describe：可添加在方法和参数上对一个 Rest 服务和参数进行描述。

@Summary：对服务的简单介绍。

@ResponseDesc：对服务的返回值进行描述。通过指定一个实体进行参数描述。

指定实体时需要加前缀 "#/definitions/"，指定某个实体需要添加@ResponseEntity 注解。

@ResponseEntity：标识一个实体为 Rest 服务返回类型。

开发案例如图 5-26 和图 5-27 所示。

```java
        *
        */
    @Bean()
    @ResponseEntity
    public class User {
        @Describe("主键")
        private String id = UUID.randomUUID().toString().replace("-", "");
        @Describe("登录账户")
        private String account;
        @Describe("用户名称")
        private String name;
        @Describe("用户密码")
        private String password;
        @Describe("用户类型")
        private String type;
        @Describe("关于这个用户的描述")
        private String descrip;
```

图 5-26　实体描述

```java
    @GET
    @ResponseDesc(desc="OK",schema="#/definitions/User")
    @Summary("正确返回值格式")
    @Produces(MediaType.APPLICATION_JSON)
    public Response get(@Describe("用户的ID")@HeaderParam("id")String id){
        System.out.println(id);
        User user = new User( "10001","1005", "李四");
        return Response.status(Status.OK).entity(user).build();
    }

    @DELETE
    @Path("json")
    @Summary("多次远程调用")
    @Produces(MediaType.APPLICATION_JSON)
    public Response json(){

        ServiceModel serviceModel = new ServiceModel();
        byte[] bytes = new byte[1024];
        serviceModel.setName("XH");
        serviceModel.setBytes(bytes);
        System.out.println(serviceProvider.getServiceModel(serviceModel).getName());

        return Response.status(Status.OK).entity(serviceProvider.getServiceModel(serviceModel)).build();
    }
```

图 5-27　Rest 服务文档生成案例

文档生成效果如图 5-28 所示。

图 5-28　Rest 服务文档生成效果

5.3.3　分布式应用服务

分布式应用服务（Distributed Application Service，DAS）控制管理用户界面主要由两个部分组成，一个是应用管理界面，另一个是应用性能监控界面。应用管理界面可以展示应用列表、服务提供列表、服务消费列表和路由规则列表等，并且通过这个界面可以对应用和服务进行一系列的动态设置管理。应用性能监控界面展示服务调用链路、服务调用时间、应用吞吐量、应用警告和服务器性能等。

1. 用户登录

本书给出了分布式应用服务的一种实现（HKDAS）。用户在登录以后可以在用户管理模块中进行修改密码、增删用户等操作。用户登录界面如图 5-29 所示。

图 5-29　用户登录

用户输入正确的用户名和密码之后，点击登录或者按下回车键，即可登录到管理界面。

2. 应用管理

成功登录到 HKDAS 管理界面后，默认展示的是应用管理界面，应用管理的主界面如图
5-30 所示。

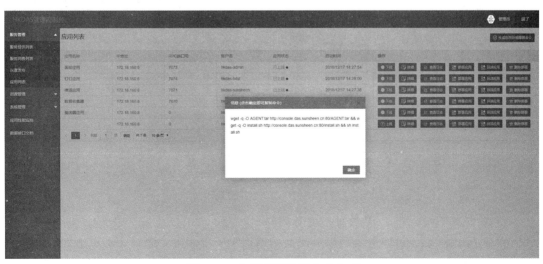

图 5-30　应用管理界面

在主界面的右上角显示了当前登录的用户，点击旁边的退出按钮可以退出当前登录的用
户。在退出按钮的下方是生成应用环境部署命令，点击按钮会生成应用部署的 Shell 脚本命
令，如图 5-31 所示。

图 5-31　应用环境部署命令生成

点击"确定"按钮，即可复制该命令并关闭弹出窗口。命令复制成功后，在一台装有 Linux
系统的服务器的终端去执行生成的应用环境部署命令，即可快速在一台新的服务器上搭建好

HKDAS 的应用环境。

执行完了应用环境部署命令之后，会在应用列表中多一条记录，如图 5-32 所示。该应用列表展示了应用名称、应用的 IP 地址、RPC 服务调用的端口号、应用状态和启动时间等。在最右侧一列中有一系列对应用生命周期管理的按钮，可对每个应用进行在线的管理。

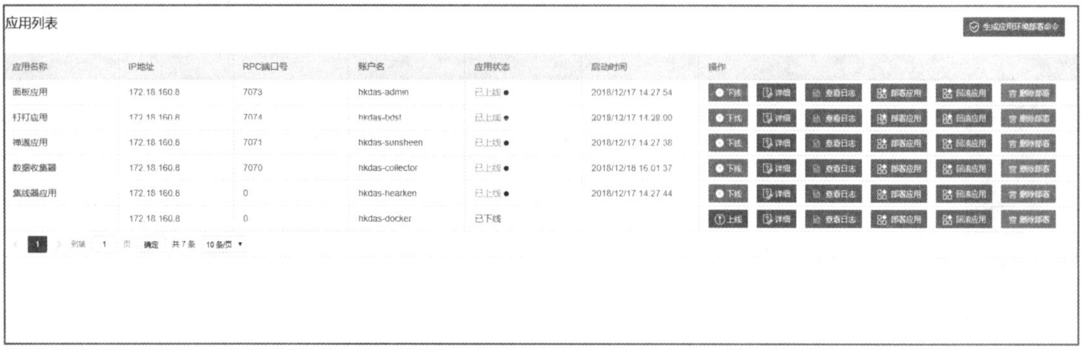

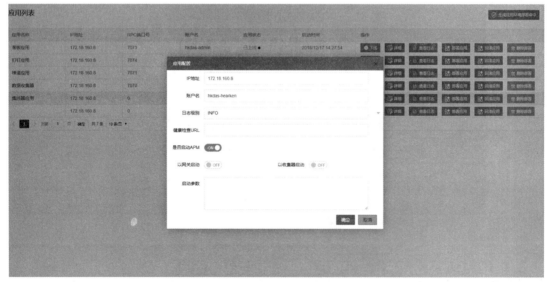

图 5-32　应用列表

在最右边的操作栏中，第一个按钮是上线/下线，当应用状态是上线状态时，点击可以对应用进行上线，当应用状态是下线时，需要首先部署应用，上传应用 Jar 包并设置应用的名称。第二个按钮是详细命令，点击后可以对应用进行配置，如图 5-33 所示。

图 5-33　应用配置

第一栏展示的是应用的 IP 地址。第二栏展示的是系统的账户名。第三栏可以动态设置应用日志的输出级别。第四栏是用户可配置一条检测应用健康状态的 URL，配置之后系统会每分钟去检测一次该应用的健康状态（通过该 URL 返回的状态码判断），并用一个小圆点在应用列表中的应用状态中展示，如果用户没有设置健康检查的 URL，该小圆点是黑色，如果设置了 URL，并检测出应用异常，该小圆点是红色，未检测出异常，则该小圆点是绿色。第五栏是是否启动对该应用的性能监控。第六栏是表示应用启动的方式，可以以网关方式启动，通过这种方式启动后，所用的 REST 服务都可以通过该网关进行访问；也可以以收集器的方式启动，这种方式启动，该应用会其统计其他所有应用的服务调用情况，并记录到文件中去。最后一栏可以配置应用启动的 Java 虚拟机参数，若用户有这方面的需求可以在这里进行配置。

第三个按钮是查看日志的按钮，如图 5-34 所示，点击后会弹出日志选择查看的小窗口。

图 5-34　日志选择

第一栏是设置需要查看的最新日志的行数，默认是 200 行日志。第二栏是需要查看日志的类型，分为应用日志和操作日志。第三栏是需要查看的日志，展示了日志的大小、类型、修改日期和路径。设置完成后点击确定按钮，即可查看需要的日志，如图 5-35 所示。

图 5-35　日志查看

第四个按钮是部署应用按钮，如图 5-36 所示，点击后会弹出小窗口，可以上传应用，以及设置应用的名称。

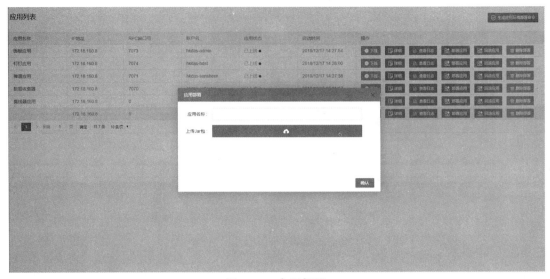

图 5-36　应用部署

第五个按钮是回滚应用按钮，如图 5-37 所示，可以选择以往删除过的应用部署，从而回滚到以前的版本。

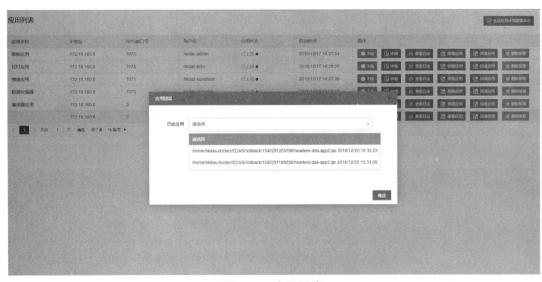

图 5-37　应用回滚

选择历史应用的版本，点击"确定"按钮即可回滚应用。

最后一个按钮是删除部署按钮，点击后弹出确认窗口，点击"确认"后，可以删除现在已经部署的应用。

3. 服务管理

在左侧的管理栏中点击服务列表，如图 5-38 所示，会在右边的主体区域展示出现在所有应用提供的服务。

图 5-38　应用列表

在表格上方，可以选择接口名称、IP 地址和端口号，对下面的服务列表进行过滤（见图 5-39）。服务列表中展示了每个服务的接口、IP 地址、端口、服务类型、版本和服务的描述。最右侧的列中可以对 RPC 类型的服务添加路由，限制服务提供者和服务消费者之间的调用。

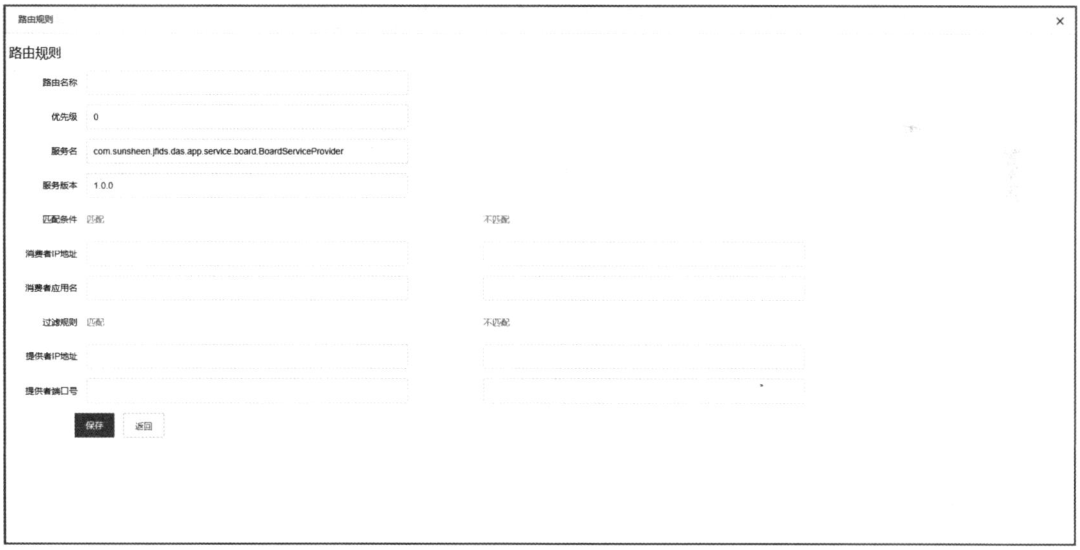

图 5-39　路由规则

可以根据服务消费者的 IP 地址、应用名和服务提供者的 IP 地址、端口号进行服务调用的限制。

点击右侧的治理，可以对 RPC 的服务进行负载均衡和服务调用时序列化方式的设置，如图 5-40 所示。

图 5-40　负载均衡设置

如图 5-40 所示，可以设置服务的负载均衡策略，有随机、轮询及权重随机三种方式供用户选择。

负载均衡算法策略解释：

（1）随机法：从所要调用服务列表的提供者中随机选择一个。

（2）轮询法：按照所要调用服务的提供者列表依次调用。

（3）基于权重的随机法：为每个服务对应的"提供者"设置权重，根据权重在所要调用服务的提供者列表中选择一个，当所有"服务提供者"的权重值都一样时则随机选择一个。权重值越大随机到的概率越大（权重值为 1 ~ 10 的整数，默认权重都为 5）。

序列化方式设置如图 5-41 所示。

图 5-41　序列化方式设置

提供四种序列方式供用户选择，分别是 FST 序列化、Json 序列化、Kryo 序列化和 Marshalling 序列化。

路由添加完成后，如图 5-42 点所示，点击右侧的"灰度发布"，可以查看之前添加的路由规则和删除路由规则。

图 5-42　灰度发布

点击操作列中的"删除"按钮，可以删除对应的路由规则。点击"详细"按钮可以查看设置的具体内容。

点击左侧栏中的"服务消费列表"可以查看所有应用服务的消费者，如图 5-43 所示。

图 5-43　服务消费列表

在表格上方，可以选择接口名称和 IP 地址，输入内容，点击"搜索"按钮，可以对下面的消费者列表进行过滤。消费者列表中展示了每个消费的 IP 地址和消费服务接口和版本号。

4. 资源管理

点击"资源管理"下方的"Docker 管理"，如图 5-44 所示，可以对 Docker 进行镜像和容器管理以及对容器资源的使用的限制。

图 5-44　Docker 管理界面

每台应用服务器都有一个 Docker 管理的程序，对应列表中的一行记录。在表格中展示了应用服务器的 IP 地址和 Docker 管理程序的端口号。最右侧的一列是一系列的管理按钮。点击"镜像管理"将会弹出如图 5-45 所示的窗口。

图 5-45　镜像管理

　　该窗口将展示镜像的 ID、repository、tag、创建时间和占用空间的大小。最右侧有两个操作按钮分别是"添加标记"和"删除镜像"。

　　点击"容器管理"，将弹出容器管理窗口，如图 5-46 所示。

图 5-46　容器管理

　　该窗口展示了容器的 ID、对应的镜像、启动时的命令、容器状态和容器名称。最右侧有两个操作按钮分别是"启动"和"删除容器"。点击"启动"时将会启动 HKDAS 的应用管理程序。

　　如图 5-47 所示，点击"主机管理"，将会展示出每个操作系统的管理程序，此时可以进行添加用户等操作。

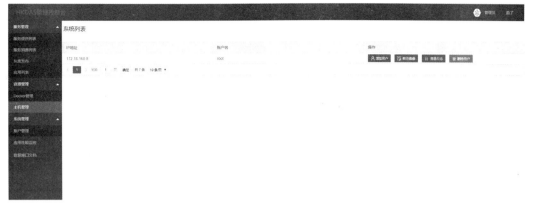

图 5-47　主机管理

如图 5-48 所示，点击右侧栏中的"增加用户"，将弹出增加用户窗口，输入用户名和密码即可增加系统用户。

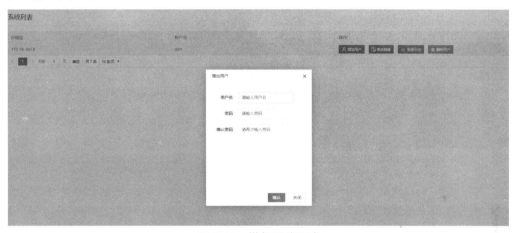

图 5-48　增加系统用户

第二个按钮是"推送镜像"按钮，如图 5-49 所示，点击后将弹出推送镜像，可以选择操作系统账户，推送部署镜像。

图 5-49　推送镜像

第三个按钮是"查看日志"按钮，如图 5-50 所示，点击后将弹出日志选择窗口，可以选择日志行数并查看日志。

图 5-50　用户日志查看

输入查看日志最新的行数，点击后可以查看用户的操作日志。

5. 系统管理

该模块主要是对 HKDAS 系统的账号进行管理，如图 5-51 所示，可修改密码和添加、删除用户等。

图 5-51　账户管理

在表格上方输入账户名或者姓名，如图 5-52 所示，点击"搜索用户"可以对用户进行搜索。点击旁边的"增加用户"，弹出增加用户窗口，可以增加 HKDAS 用户。

图 5-52　增加系统用户

输入账户名、密码、姓名和描述信息，可以增加一个系统用户。在下方表格中最右侧的操作列中，点击"修改密码"，可以修改用户的密码，如图 5-53 所示。

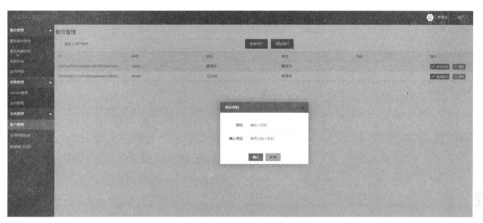

图 5-53　修改用户密码

输入用户密码，点击"确定"按钮即可修改密码。

点击操作栏中的"删除"按钮即可删除用户，如图 5-54 所示。

图 5-54　删除用户

5.3.4 数据接口文档

该应用可进行数据接口文档管理，数据接口文档页面如图 5-55 所示，若点击控制界面的数据接口文档即可跳转到数据接口。

图 5-55 数据接口文档主界面

左侧根据 IP 地址和端口号已将数据接口文档分类。点击左侧接口名称，会在右侧展示接口的详细信息，包括调用的方式、需要传递的参数和描述，以及数据接口的返回格式和说明。

如图 5-56 所示，点击"Debug"可以对数据接口进行 Debug 调试。

图 5-56 数据接口调试

填写调用该接口的参数，点击"submit"按钮，即可向该数据接口发送请求，并将结果在下方进行展示。

5.3.5 应用性能监控

核格分布式应用服务可对部署的应用性能进行监控,监控功能包括应用性能监控仪表盘、拓扑图,并从应用、服务、告警、跟踪等角度进行监控。

1. 仪表盘

点击控制管理界面导航栏中的应用性能监控,如图 5-57 所示,可以直接跳转到应用性能监控的主界面(仪表盘)。

图 5-57　应用性能监控仪表盘

默认展示的是最近 15 分钟的数据统计,用户可以根据自己的需要,点击右上角的"最近15 分钟",可以选择更多时段的数据统计,如图 5-58 所示。

图 5-58　展示数据统计时段选择

时段选择按钮的旁边是刷新和警告图标,当有应用或者服务器产生警告时,会在警告图标上有提示。在主体展示区域还展示统计了应用、服务、数据库和消息队列的数量。下方还展示了服务调用的热图,显示出在哪个时段服务的调用量比较大。在调用热图的右边是平均应用告警,显示出了应用的平均报警量。调用热图的下方是较慢服务,统计了该时段内调用时长最多的几个服务。点击后可以看到具体服务的调用信息。在最慢服务的右边是应用的吞吐量,展示了各个应用在该时段的吞吐量信息。如图 5-59 所示,点击左上角的图标可以展出导航栏菜单。

图 5-59 导航菜单展示

2. 拓扑图

在导航栏菜单中，仪表盘的下方就是拓扑图，展示了应用之间的调用关系等信息，如图 5-60 所示。

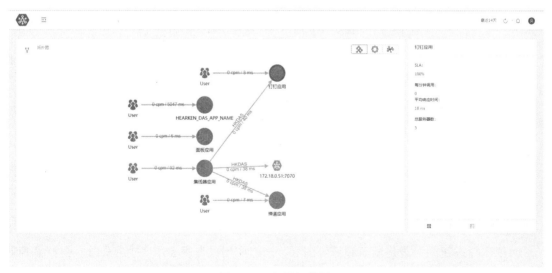

图 5-60 应用拓扑图

在图 5-60 中左边是拓扑图的展示区域，右边是展示应用调用信息的区域。在左边区域的应用拓扑图中每条链路的连线上展示了这类调用的详细信息，cpm 表示每分钟调用次数，后面是平均调用时长。在一些链路的连接上方，还展示了应用之间调用所使用的协议。点击应用节点，会在右边区域展示应用调用的详细信息。如图 5-61 所示，在左边区域的右上角，可以选择展示拓扑图的方式。

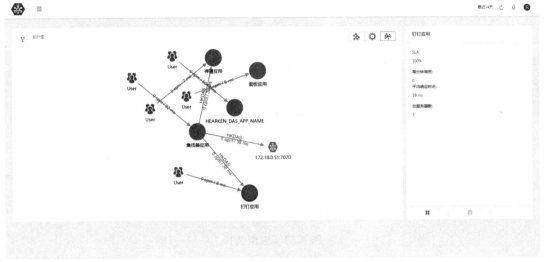

图 5-61　应用拓扑图

3．应　　用

应用界面主要是分应用展示出该应用发起的调用方式的拓扑图和其他一些信息。应用主界面如图 5-62 所示。

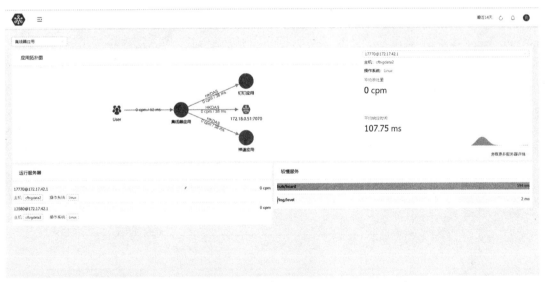

图 5-62　应用主界面

如图 5-63 所示，在左上角的下拉列表中，可以选择应用查看器调用链路和服务器信息。
在下拉列表的下方是选择后的应用拓扑图。该拓扑图与前述拓扑图的展示方式是一致的。在应用拓扑图的下方是运行服务器，表示运行该应用的服务器，展示了该服务器的 IP 地址、运行的操作系统等信息。在运行服务器的右边是较慢的服务，展示的是该应用调用的服务中最慢的几个服务，并展示了该服务的平均调用时长。在较慢服务的上方是该应用的服务器的详细信息，点击"查看更多服务器详情"，可以查看该服务器的更多信息，如图 5-64 所示。

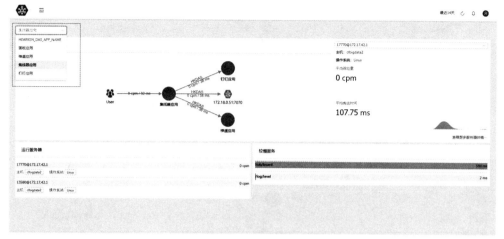

图 5-63　应用选择

图 5-64　服务器详细信息

该页面展示了该服务器的 IP 地址、应用的进程、服务器所使用的操作系统、平均吞吐量和响应时间、CPU 的使用率，以及该应用的堆内存使用情况和非堆内存的使用情况，还展示了各个时间段里 JVM 垃圾回收的时间等各种信息。

4. 服　务

导航栏中监控栏的第四个选项是服务，在这个菜单中可以根据应用选择服务查看具体的调用信息。该菜单的主界面如图 5-65 所示。

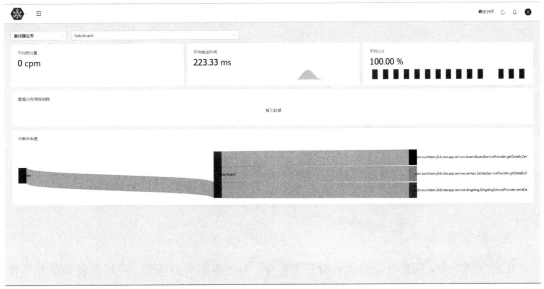

图 5-65　服务详细信息

在该主界面中的左上角可以选择应用，再根据应用选择服务，可以在下方查看该服务的各种信息。选择服务如图 5-66 所示。

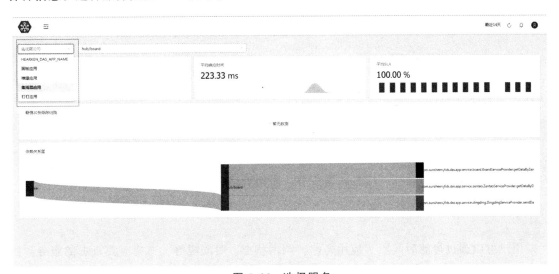

图 5-66　选择服务

点击选择相应的服务后就可以展示出该服务的详细信息。在该界面中展示了该服务的平均吞吐量、平均调用时长、平均 SLA 以及该服务的调用关系图。当鼠标移动到该条链路上时，还会展示出该调用的更多信息，如图 5-67 所示。

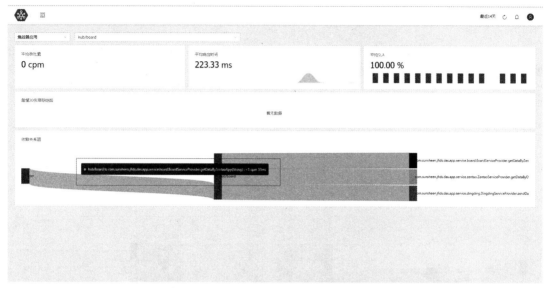

图 5-67　调用详细

5.告　　警

在这个模块中，用户可以分类查看告警信息，分类有服务器告警、应用告警和服务告警。告警主界面如图 5-68 所示。

图 5-68　告　　警

在该界面的右上角输入相应的告警内容，可以直接搜索告警。

6.跟　　踪

用户可以通过过滤时间段、应用名称、调用状态、时间段等，选择需要查看的服务调用散点图，如图 5-69 所示。

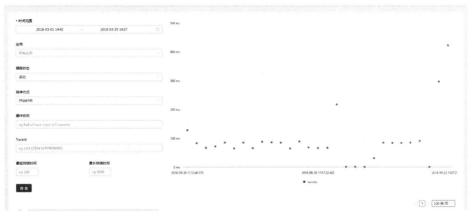

图 5-69　跟　踪

　　在操作界面的左边可以根据以上条件进行过滤，匹配好条件之后点击下方的搜索按钮，左边的散点图会显示出服务条件每次调用的散点图，根据该图，用户可以看到服务调用在哪个时间段分布得比较多，并且显示出调用的耗时情况。在散点图下方可以选择一页显示多少条调用的散点图。在该页面也会展示出每次调用的时间和调用耗时、调用的 URL 等相关信息，如图 5-70 所示。

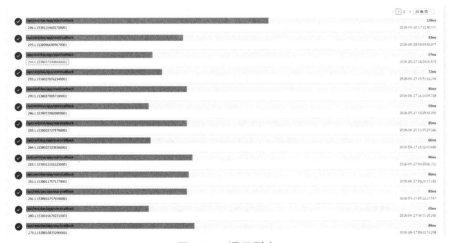

图 5-70　调用列表

点击每个调用可以查看该此调用的详细信息。

5.4　小　结

　　本章通过横向扩展、解耦，介绍微服务概述及实施原则，讲解了核格分布式应用的功能及特点。

第 6 章　DevOps 开发运维与质量协同管理

微服务可能会面临诸如成本升高、分布式事务一致性问题、运维管理的复杂度提升等问题，为了解决和缓解此类问题，DevOps（英文 Development & Operations）应运而生。DevOps 包含持续集成与持续发布、服务依赖关系管理、服务的发现与负载均衡，以及集中化监控管理。DevOps 在实施过程中除了微服务生态系统所必不可少的工具和实践外，还有一个观点非常重要：微服务不仅是一种新型的架构模型，同样也是一种新型的组织模型。

本章总结了运维领域在近几年对 DevOps 的实践与新的理解。DevOps 并非是一个新的概念，只是有些人开始用了，有些人还没开始用；有些人用得已经比较深了，有些人才刚刚开始掌握这个实践的指导思路。

6.1　DevOps 认知

术语"DevOps"通常指的是开发和 IT 运维之间的高度协同，在完成高频率部署的同时，提高生产环境的可靠性、稳定性、弹性和安全性。为什么是开发和 IT 运维？因为典型的价值流就是在业务（定义需求）和客户（交付价值）之间。

DevOps 起源于 2009 年前后，由 JohnAllspaw 和 PaulHammond 展示的开创性的"一天 10 次部署"、基础设施即代码"运动"（MarkBurgess 和 LukeKanies）、"敏捷基础设施运动"（AndrewShafer）、"敏捷系统管理"运动（PatrickDeBois）、"精益创业"运动（EricRies）及 JezHumble 的持续集成和发布等运动的相辅相成和相互促进发展起来。

如果说 DevOps 是一种计划让开发某个产品的多个团队之间能够更好地交流和协作的文化变革，那么我们该如何实现 DevOps，如何将这种文化引入自己的公司呢？DTOSolutions 的共同创建者 DamonEdwards 在 2013 年的 DevOpsDaysMountainView 上做了题为"如何发起一个 DevOps 变革"的主题演讲，提出通过"三步走"的过程将 DevOps 文化引入某个组织中。

6.1.1　实现 DevOps 文化的原因

依据 Edwards 所说，首先需要非常清楚组织成员为什么会聚到一起，知道他们试图实现什么，清楚他们的目的是什么。组织的主要目标是实现 DevOps 文化的唯一原因。

6.1.2 实现组织合作

按照 Edwards 介绍的过程，接下来需要做的是使整个组织合作，让所有人基于一组共享的条件和规则向一个共同的目标努力。当能够把同一个目标指定给多人的时候，一个组织就实现了正确的合作，大家会选择同样的方式去实现各自的目标；大家对于同一个问题有同样的答案。这可能是"组织合作的终极梦想"。

为了完成这种合作，组织内部必须要有人描绘一个 DevOps 愿景。这并不能通过教学过程实现，因为大家只会尝试着机械性地遵循步骤，而我们需要的是一种思维方式。通常可以通过遵循下面的 5 个步骤实现：

（1）教导基本的概念，如单件流、批量工作、限制在制品的数量、拉式 vs 推式、持续交付，以及可以使用的工具等组织将会共享的一些通用词汇的概念。

（2）让所有人目标一致，通过：

① 价值流程图——一个精益概念，它详细描述了一个组织内部发生的信息流和制品流，引导价值创造。

② 时间线分析——试图发现时间花费在哪里，瓶颈在哪里。

③ 浪费分析——确定一个组织所产生的各种各样的浪费，以便于尽可能地消除浪费。

（3）发展度量链，它的意思是对价值交付链中的各个活动进行度量，发现各个活动相互之间的影响。

（4）针对基线识别项目/实验，识别哪些项目或者活动偏离了基线，并且采取纠正措施。

（5）重复第（2）至（4）步。这一步构成了持续改进流程。为了实现这些想法，Edwards 建议了一个 3 天的计划：

① 第 1 天——教导原则，提出一个方案进行研究，包括模式和反模式。

② 第 2 天——分析组织当前的状态，提供问题识别技术和改进指标。

③ 第 3 天——讨论解决方案和工具链自动化原则，构建一个路线图。

6.1.3 持续改进循环

这些循环的目的是通过制订计划、实现计划、测量输出，决定如何持续地改进流程。

6.2 DevOps 的基本原则

The Phoenix Project 和 *DevOps Cookbook* 书中描述了 DevOps 的支撑原则——"DevOps 三个基本点"，所有的 DevOps 模式都可以源自这三个基本点。

第一个基本点强调整个系统的性能，而非将性能局限于特定的工作领域里，这个工作领域可以大到一个部门（如开发和 IT 运维）或者小到一个个人贡献者（如开发者、系统管理员等）。而重点是实现由 IT 推动的业务价值流，换句话说，它始于需求定义（如被业务或 IT 部门定义），进行开发构建，又交给 IT 运维，最后价值以一种服务的形式交付给客户。实践第一个基本点的结果——决不传递一个已知缺陷至下游，决不因小失大，总是致力于改进流程，执着于深刻理解系统需求。

第二个基本点是关于创建从右至左的反馈回路，几乎所有的流程改进计划的目标都是缩短和放大反馈回路，以便可以持续进行必要的修正。应用这个基本点的结果——包括理解和回应所有内部和外部客户，缩短和放大所有的反馈回路，必要时，嵌入客户需要的知识。

第三个基本点是打造一种文化用来促进两件事情——第一件事是持续不断的探索精神、勇担风险的精神以及从成功和失败中进行学习的能力；第二件事是重复和实践，以达到知识的融会贯通。这两件事情同等重要，可以确保我们持续改进，甚至意味着可能到达之前未曾到过的危险区域，因此这也迫使大家去学习，掌握并融会贯通那些技能，以便能够顺利离开危险区。第三个基本点的结果——分配时间去改进每天的例行工作，培养一种奖励冒险精神的风气，同时主动引入故障到系统中，从而提高系统的弹性。

6.3　DevOps 的价值

企业在应用 DevOps 之后可以得到两个业务优势：产品快速推向市场（如缩短开发周期和具有更高的部署频率）；提高组织的有效性，减少 IT 浪费总量（如将时间花在价值增加的活动中，减少浪费，同时交付更多的价值到客户手中）。

6.3.1　产品快速推向市场

2007 年，IT 流程协会在评测了超过 1 500 个 IT 组织结构之后，得出了一个结论：相比较于一般的组织，高效的 IT 组织的效率要高出 5 ~ 7 倍，变更要多出 14 倍，变更故障率只有前者的 1/2，第一次修复率要高出 4 倍，而且一级事故时间要短 10 倍，重复审计发现要少 4 倍，通过内部控制来检测漏洞方面要高出 5 倍左右，并且表现是前者的 8 倍。

在研究中，观察到的最高部署频率大约是每周 1 000 次生产变更，变更成功率为 99.5%。应用了 DevOps 实践的组织表现出更快的快速部署和实施，而且相比于一般组织要快几个数量级。

埃森哲的一个研究：互联网公司都在做什么？通过亚马逊的记录显示，这些公司保持目前每周部署 1 000 次的情况下，同时还能保证 99.999% 的成功率。

6.3.2　减少 IT 浪费总量

IT 价值流中的浪费源于交付期限延长、不良的交接、计划外工作和返工等。基于 Michael Krigsman 的一篇文章，企业在应用了 DevOps 的原则之后，可以挽回很多价值。

经过计算，如果能够减少一半的 IT 浪费量，然后把这些钱重新投资，若能得到 5 倍的投资回报，那么每年可以产生 30 万亿美元的价值。

6.4 DevOps 的运用

6.4.1 DevOps 与敏捷

相对于瀑布开发模式，敏捷开发过程的一个基本原则就是以更快的频率交付最小化可用的软件。在敏捷的目标里，最明显的是在每个 Sprint 的迭代周期末尾，都具备可以交付的功能。

DevOps 和敏捷软件开发是相辅相成的，它拓展和完善了持续集成和发布流程，因此可以确保代码在生产上是可用的，并且确实能给客户带来价值。

当代码已经开发完成但是却无法被部署到生产上时，这些部署就会堆积在 IT 运维的面前，客户也将因此无法享受到任何价值，而且部署会导致 IT 环境的中断和服务不可用等问题。

DevOps 革新了开发和 IT 运维之间的工作流和传统的衡量标准。

由于业务需求是变更最主要的驱动者，少做一些，但做得更好，交付更快，这是领先的企业和成功的企业与其他企业的不同之处。

当竞争对手交付了相关功能，速度比你快，质量比你好，那么你最终会丧失市场份额。用投资于销售和市场营销活动的方式弥补产品的不足，其代价会很高，而且可能不可靠，最终客户可能会转向性能卓越的产品。

这正是"敏捷开发"产生的原因：需要更快地采取行动，应对不断变化的需求；可信赖的最佳品质，经常资源不足。敏捷就是源于科技公司和 IT 部门的期望。

一个将敏捷应用于生产的方法：连接开发和运维，于是便产生了"DevOps"。运维的主要目标是保证应用程序的稳定和健康，而开发的主要目标是不断地创新，并提供满足业务和客户需求的应用程序。既然变更和稳定之间存在冲突，那么理解与调和这种冲突就是 DevOps 的主要目标。

6.4.2 DevOps 模式的应用领域

一般可以将 DevOps 模式的应用分成 4 个领域。

领域一：将开发延伸至生产中——包括拓展持续集成和发布功能至生产，集成 QA 和信息安全至整个工作流，确保代码和环境可在生产中直接部署。

领域二：向开发中加入生产反馈——包括建立开发和 IT 运营事件的完整时间表用于帮助事件的解决，使得开发融入无指责的生产反思，尽可能使得开发人员可以借助自助服务解决问题，同时创建信息指示器用来表明本地的决策如何影响全局的目标。

领域三：开发嵌入 IT 运维中——包括开发投入整个生产问题处理链，分配开发资源用于生产问题管理，并协助退回技术债务，而且开发人员为 IT 运维人员提供交叉培训，增加 IT 运维人员处理问题的能力，从而降低升级问题的数量。

领域四：将 IT 运维嵌入开发——包括嵌入和联络 IT 运维资源至开发，帮助开发创建用户故事，定义一些可以被所有项目共用的非功能性需求。

6.4.3 信息安全与质量管理如何整合 DevOps 工作流

DevOps 的高部署频率通常会给 QA（质量保证）人员和信息安全带来很大的压力，考虑开发每天部署 10 次，而信息安全通常需要 4 个月的时间来评估应用的安全。显然，在代码开发和代码安全审计方面的速率是不匹配的。

一个著名的故障案例，提供云存储、文件同步和客户端软件服务的 Dropbox 公司，2011年程序更新未经充分测试从而导致认证功能被关闭了 4 h，导致未授权的用户可以访问所有存储的数据。

当然对 QA 和信息安全来说，也不全是坏消息，开发会通过持续集成和好的发布惯例（持续测试的文化）来维持高频率部署。换句话说，一旦代码被提交，自动测试便开始运行，而且一旦发现问题，必须马上解决，就像开发人员检查还没编译的代码。

通过集成功能测试、集成测试和信息安全测试到开发的每天例行工作中，问题将会被更快发现，同时也会被更快解决。

同样，也有着越来越多的信息安全工具，如 Gauntlet 和 SecurityMonkey，可以帮助开发和测试，达到信息安全目标。

但是也有一个很重要的问题需要考虑，静态代码分析工具通常需要花费很长时间才能运行完，以数小时或天计。在这种情况下，信息安全就必须注明特定的有安全隐患的模块，如加密模块、认证模块等。只要这些模块变化，一轮全面的信息安全测试就运行，否则部署就可以继续，而不需要全覆盖信息安全测试。

需要注意的是，相较于标准的功能单元测试，DevOps 工作流更依赖于检测和恢复。换句话说，当开发以软件套件的方式交付的时候，部署变更和补丁就比较困难，同时 QA 也严重依赖代码测试来验证功能的正确性。另一方面，当软件以服务的形式交付，缺陷就可以很快被修复，而且 QA 也可以减少测试依赖，取而代之更多的是依赖缺陷的生产监控，只要缺陷能被快速地修复便可。

代码故障恢复可借助于"功能标签"等手段，通过以配置的形式来启用或禁用某些代码功能，从而达到避免推出一个全功能部署，而只部署通过测试的功能至生产环境。

当功能不可用或性能出现下降等较坏的情况发生时，依赖于检测和恢复进行 QA，将会是一种更好的选择。但是当面对损失保密性或数据和系统一致性的时候，我们就不能依赖检测和恢复这种方法。取而代之的是，在部署之前必须进行充分的测试，否则可能导致重大的安全事故。

1．模式一

通常，在软件开发项目中，开发人员在开发功能时都会用完所有计划中的时间，这样会导致无法充分解决 IT 运维的问题。于是他们就在定义、创建和测试数据库、操作系统、网络、虚拟化等代码依赖的方面直接"抄捷径"，以此节省时间。

这就是开发和 IT 运维以及次优结果之间存在永恒的紧张关系的主要原因。但是这样可能会带来很严重的结果，如不适当的定义和指定环境、无法重部署、代码和环境的不兼容等。

在这种模式下，将在开发过程的早期提出环境要求，并强制代码和环境必须被一起测试的策略，一旦使用敏捷开发方法，便可做到非常简洁和优雅。

按照敏捷的要求，在每个迭代结束后，就会发布能运行且可被部署的代码，通常时间为两周。我们将修改敏捷迭代周期策略，不仅仅只交付能运行且可被部署的代码，同时在每个迭代周期的早期，还必须准备好环境用于部署这些代码。

由此，我们不再让 IT 运维负责创建生产环境的规格要求，取而代之的是，建立一个自动化的环境创建流程，这种机制不仅仅只创建生产环境，同时也包括创建开发和 QA 环境。

通过使得环境早期即可用，甚至可能早于软件项目开始之前，开发人员和 QA 人员可以在统一和稳定的环境中运行和测试他们的代码，从而控制不同环境之间的差异。

此外，通过保持不同阶段（如开发、QA、集成测试、生产）尽可能小的差异，在生产部署之前，就能发现并修复代码和环境之间的互操作性问题。

理想情况下，建立的部署机制是完全自动化的。可以使用 Shell 脚本、Puppet、Chef、SoarisJumpstart、RedhatKickstart、DebianPreseed 等工具来完成。

2. 模式二

BrowserMob 前 CEO（首席执行官）PatrickLightbody 曾经说过："当我们在凌晨 2:00 叫醒开发工程师来解决问题时，缺陷被修复得比以前更快了，这真是一个惊人的反馈回路。"

它强调了问题的关键点，开发人员一般会在周五的 17:00 点提交代码，然后高高兴兴地回家，而 IT 运维人员则要花费一整个周末来收拾残局。更糟糕的是，缺陷和已知错误在生产上不断递归，迫使 IT 运维人员不停地"救火"，造成这种现象的原因就是开发人员总是尝试开发新功能。

第二种模式的一个要素是缩短和放大反馈回路，使得开发产品更贴近客户（包括 IT 运维人员和最终用户）体验。

注意这里的对称性，模式一讨论的尽早让环境统一并可用即是将 IT 运维嵌入开发中，而模式二则是将开发嵌入 IT 运维中。

我们将开发嵌入 IT 运维的问题升级链中，可以将它们放在三级支持中，甚至让开发对整个代码的部署成功负责，要么回滚，要么修复缺陷，直到服务恢复。

我们的目标不是让开发取代 IT 运维，相反，就是想让开发看到他们工作和变更的下游变化，激励他们以 IT 运维的视角来更快地解决问题，从而达到全局的目标。

3. 模式三

在开发和 IT 运维之间 DevOps 价值流中，另一个经常发生的问题就是不够规范。每个部署都带有其特殊性，因此也使得每次部署后的环境带有特殊性，一旦这样的事情发生，那么这个组织里就没有针对流程配置的控制。

在这种模式下，我们定义可重用且可跨多个项目的部署流程。敏捷方法里有一个很简单的解决方案，就是将部署的活动变成一个用户故事。例如，我们为 IT 运维构建一个可重用的用户故事，叫作"部署到高可用环境"，这个用户故事定义了明确的构建环境的步骤、需要多长时间、需要哪些资源等。

那么这些信息可以被项目经理用来集成部署内容到项目计划中去。例如，如果我们知道在过去的 3 年时间里，"部署到高可用环境"用户故事被部署了 15 次，每次的平均部署时间为 3 天，那么我们对自己的部署计划将会非常有信心。

此外，我们还可以因部署活动被合适地集成到软件项目中而获得信心。

然而，有些特定的软件项目要求特别的环境，且其不被 IT 运维官方支持，我们可以允许这些被生产允许的环境中的例外，但是它们需要被 IT 运维部门以外的人提供支持的。

通过这种方法，我们既获得了环境标准化的好处（例如，减少生产差异，环境更一致，IT 运维的支持和维护能力增加），又在允许的特殊情况下，提供业务需要的灵活性。

如何才能实现 DevOps 呢？很多人会不假思索地说，使用 Chef/Puppet 就能实现 DevOps。于是，DevOps 变成了一个简单的问题，选择 Chef 还是 Puppet。在开源软件盛行的今天，各种软件声称实现了 DevOps。如同 Agile，把 DevOps 等同于工具层面的 Chef/Puppet，是错误的，会严重束缚人们的思维。因此，在国内 CloudNative 应用开发时代开启的今天，充分认识 DevOps 是很有必要的。

（1）DevOps 不仅仅是工具。

DevOps 是 Agile 的延伸，Ailge 依靠 Dev&Biz 部门紧密协作，通过增量交付的方式来解决需求多变的难题。DevOps 则进一步延伸到 IT 运维，通过 Dev&Ops 的紧密协作提高软件交付的质量和频率。人的重要性大于流程，流程的重要性大于工具，如图 6-1 所示。这个结论适应于 Agile，也同样适用于 DevOps，工具带来的影响是短期的和片面的，流程和人所产生的影响是长期的和全面的。

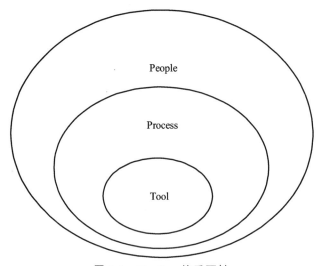

图 6-1 DevOps 的重要性

事实上，大部分人都知道这个道理，只是在潜意识中仍然把 DevOps 当成 Chef/Puppet 等工具。建设 DevOps 的正确步骤应该是：充分理解 DevOps 的原则，认真分析自身需求和条件，选择正确的方法和流程，最后才是选择或构建适当的工具。LearnByExample 仍然是学习和建设 DevOps 的重要途径，大家需要多关注流程、组织结构和文化方面的分享。所以，DevOps 不仅仅是工具，即便是工具，其也是建设 DevOps 所需工具链中的可选工具。

（2）Chef/Puppet 只是 DevOps 工具链中的可选工具。

DevOps 目的是打造标准化的、可重复的、完全自动化的 DeliveryPIPeline（输送管道），其范围涵盖需求、设计、开发、构建、部署、测试和发布。除了需求、设计和开发外，其他的 4 个步骤都是可以自动化的。自动化是提高可测试性、一致性、稳定性和交付频率的核心。

图 6-2 非常清晰地解释了 DevOps 如何实现交付的自动化。

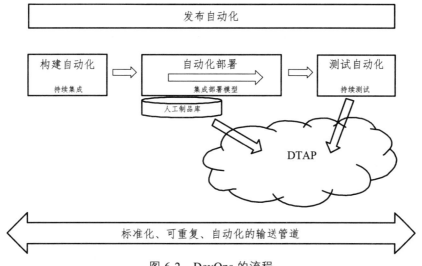

图 6-2　DevOps 的流程

DevOps 流程需要用到的工具和环境有：

① 源代码版本控制工具：如 SVN、Git 等。

② 持续集成工具：如 Jenkins、Bambo 等。

③ Artifact 存储仓库：持续集成构建后的 Artifact，统一放在一个仓库中，如 Nexus、Artifactory，当然也可以是 FTP、S3 等。

④ 配置和部署工具：Chef/Puppet/CFEngine，Fabric/ControlTier，也包括新兴的 Docker 等。

⑤ CloudProvision 工具：在云环境下，由于任何 ITInfra 资源都以编程接口提供，意味着 Full-StackAutomation（from "bare-metaltorunningbusinessservices"）成为可能。Cloudprovision 工具可以自己通过 API 构建（如 NetflixAsgard），也可以使用第三方工具（如 Ringscale/Scalr 等）。相当一部分 CloudProvision 本身也集成了 Chef/Puppet 来实现后续的部署和配置。

⑥ 测试工具：除了传统的测试工具外，还需要模拟 Infra 灾难、验证系统健壮性的工具，如 Netflix 的 ChaoMonkey。

⑦ 发布工具：一般情况下，人们需要拥有 DTAP（Development、Testing、Acceptance/

Staging、Production）四个环境，即开发环境、测试环境、验收/预发布环境和生产环境。每种环境的作用、部署方式和代码版本等是不一样的，如开发环境是持续部署的，测试环境是定期（如每天晚上）自动部署的，验收/预发布环境和生产环境是手动触发的。

⑧ 云基础设施：包括 AWS、Azure 等公有云，Cloudstack、Openstack 等私有云。

因此，可以看出 Chef/Puppet 只是实现 DevOps 工具链的可选工具，可以用来实现配置和部署自动化。

（3）仅靠 Chef/Puppet 本身无法实现 Full-Stack（全栈）部署自动化

如果要实现 Full-Stack 部署自动化，那么就必须实现环境创建自动化配置，应用部署和配置自动化，监控和告警自动化，故障检测和恢复自动化，扩展自动化，如图 6-3 所示。

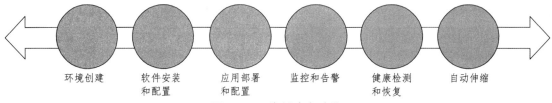

图 6-3　环境创建自动化

① 环境创建：创建 VMs、网络、存储、负载均衡，协调不同角色 VMs 的创建过程和配置。

② 软件安装和配置：操作系统配置，如创建用户、组，设置 ulimit 参数等；基础软件安装和配置，如 MySQL/Nginx。这些软件的特点是变动不频繁。对于 Chef/Puppet 来说，这个步骤的自动化是其最擅长的。它们都提供大量现成的 RecIPes，并抽象各种异构系统之间的差异。

③ 应用部署和配置：部署应用代码，如 war 包、db 脚本、PHP/Rails 代码等。这部分的变动是频繁的。对于 Chef/Puppet 来说，其是可以做这个工作的，但是很多人认为用 Fabric/Glu 等更为合适。另外，对于复杂的系统来说，如果需要保证升级期间系统的可用性，那么系统的各个应用组件需尽量是无状态的和松耦合的。如果系统的组件之间是有依赖的，那么升级期间必须动态地协调（Orchestration）、控制好相关组件的行为。

④ 监控和告警：包括 OS 级别和应用级别的可用性和性能监控。如果发现异常，需要能够自动发出告警信息。

⑤ 健康检测和恢复：为了应付云基础设施故障，系统需要 DesignByFailure，在发生异常时，系统可以发现并自动进行处理。

⑥ 自动伸缩：一般情况下，业务存在高峰期和低谷期。为了节省成本，系统应该是可以自动伸缩的。

对于上述的每一个步骤，看似都存在现成的工具可以用来实现自动化，但是，实现 Full-Stack 部署自动化不是一件容易的事情，绝非简单通过选择、拼凑相关工具即可实现。Autodesk 中国研发中心最近在 InfoQ 网站上分享了他们基于 AWS 的自动化部署实践。在这里，分析一下基于 PaaS 和 Netflix 两种差异较大的实现方式。

基于 PaaS 的实现方式（以 CloudFoundry 为例）如表 6-1 所示。

表 6-1　基于 PaaS 的实现方式

项　目	说　明
环境创建	用户不需要创建物理资源环境，Cloud Foundry 会自动创建并分配资源给各个用户，用户无法控制底层 OS 等
软件安装和配置	用户不需要软件安装。Cloud Foundry 已经安装好相关软件，只是支持的类型和版本有限
应用部署和配置	Cloud Foundry 提供接口，用户调用接口进行应用部署和配置。应用类型必须是 Cloud Foundry 支持的，只能进行有限的配置，如 Tomcat 的配置参数等
监控和告警	Cloud Foundry 提供监控服务，但是 Metric 类型有限，无法支持自定义 Metric
健康检测和恢复	Cloud Foundry 提供 Container 级别的健康检测和恢复
自动伸缩	基于 Cloud Foundry 提供的 monitoring 接口和应用控制接口，可以实现 instance 级别的自动伸缩

这种方式中 CloudFoundry 基本实现了上述的所有自动化步骤，应用开发人员只需专注于应用逻辑本身的开发。然而，CloudFoundry 也限制了用户的选择权和控制权，特别是大型的、复杂的、分布式系统，开发人员需要的是 Full-Stack 可控制性。

Netflix 的实现方式如表 6-2 所示。

表 6-2　Netflix 的实现方式

项　目	说　明
环境创建	通过自己研发的 Asgard 管理和部署工具实现
软件安装和配置	基础软件和配置都打包成 AMI，基于 Netflix 自己的打包工具 Aminator
应用部署和配置	同上，应用代码和配置也打包进 AMI
监控和告警	使用 AWS Cloudwatch，同时也将通过自己开发的 Servo Lib 将自定义 custom metric 发送至 Cloudwatch
健康检测和恢复	利用 Atoscaling 组件，健壮性测试可以使用基于 Netflix 自己开发的 Chaos Monkey 工具
自动伸缩	利用 AWS AutoScaling Group

Netflix 除了利用 AWS 的 CloudWatch、AutoScalingGroup、ELB 等服务外，本身也开发了一系列工具以完成 Full-Stack 部署自动化。这些工具通过 Asgard 这个可视化云管理和部署控制台集成起来。另外，Deployableimage 这种部署模式虽可简化部署并确保一致性，但是一部分复杂性转移到了应用层面。系统的各个组件是无状态的和松耦合的，同时还需要 Eureka 这种服务来实现中间层的负载和 Failover（故障转移）。

在上述两个案例中，大家都看不到 Chef/Puppet 的影子，即便是 CloudFoundry 自身的部署工具 Bosh，也不是基于 Chef/Puppet 的。所以，尽管 Chef/Puppet 非常流行，并且有很多成功案例，但是不能将 DevOps 等效于 Chef/Puppet。它们只是建设 DevOps 所需工具链中的可选工具，仅此而已。

- 167 -

6.5　DevOps 在核格方法论中的应用

核格 DevOps 方法论总体过程：技术实现+管理过程。从需求管理开始，在系统设计、服务开发、部署实施、系统测试及运维管理等阶段，全过程管理理念贯穿实施。

6.6　小　结

本章以微服务管理的难点为切入口，引出要实现微服务就必须使用 DevOps，接着讲解传统的 DevOps 开发运维全过程管理是如何进行的，有何优缺点，最终引出核格 DevOps 方法论总体过程即技术实现＋管理过程。

第 7 章　软件制造综合案例

工作管理系统在当前环节前已经过业务分析、系统分析和系统设计，在系统开发环节将按照"系统设计"中的要求进行流水线加工制造。

工作管理系统为协调办公系统的一个子系统，总体设计分三层：基本信息管理层、数据操作层、数据展示层。本章主要以基本信息管理层中的基础工资管理功能为例，全面介绍如何通过核格制造平台进行软件制造。

7.1　案例说明

下面从 5 个方面来讲解基础工资管理的制造过程。

（1）业务实体制造；

（2）页面制造（可视化）；

（3）数据制造；

（4）面向服务的业务流程制造（流程化）；

（5）自动化软件发布（自动化）。

7.2　业务实体制造

当前已将环境搭建及工程导入，现已完成"工资管理系统"中的基础功能开发，只需要在模块下添加"基础工资管理"即可。在核格制造平台中，"实体"是数据库表的映射文件，平台构件操作数据库都是通过实体实现的，在开发功能前先创建实体。在"系统设计"中已将数据表设计好，并通过设计平台在数据库中将表 OA_SALARY_EMPLOYEEIFO 自动创建完成，创建过程如图 7-1 所示。

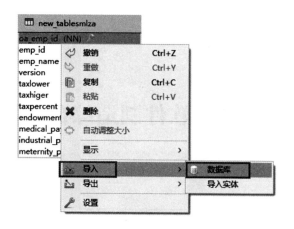

图 7-1　创建数据库表

在开发平台中只需要根据数据表自动生成实体，具体操作如下：

（1）如图 7-2 所示，展开"工资管理"模块，选中"实体"→右击→选择"新建"→选择"包"。

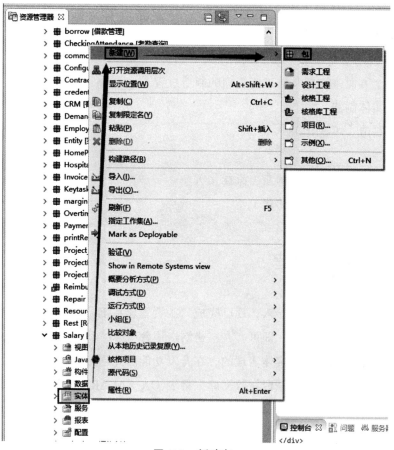

图 7-2　新建包

（2）如图 7-3 所示，将包名起为"com.sunsheen.ssoa.salary.basic"。

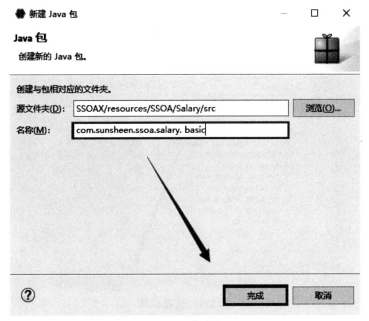

图 7-3　命名包

（3）如图 7-4 所示，选中"包"→右击→选择"新建"→选择"实体"。

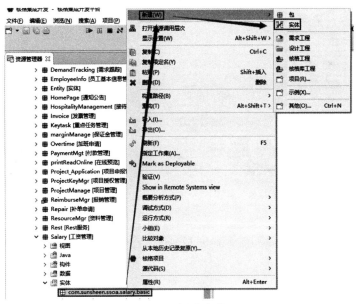

图 7-4　新建实体

（4）依次展开 root 以及数据库连接 SSOATEST，如图 7-5 所示，选择项目业务表 OA_
SALARY_EMPLOYEEIFO。

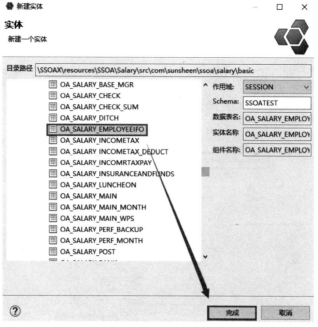

图 7-5　选择实体

（5）新建好的实体如图 7-6 所示。

图 7-6　完成创建后的实体

7.3　页面制造

在"系统设计"环节对页面进行了高保真设计，在本环节将根据页面的高保真设计通过核格制造平台页面构件库进行可视化页面制造，形成用户最终访问的网页。在"系统设计"阶段绘制的高保真模型如图 7-7 所示。

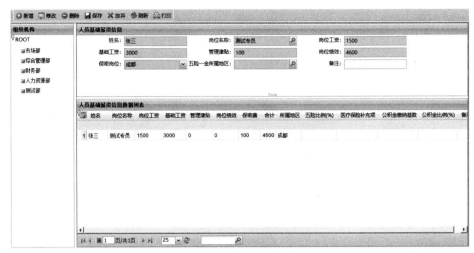

图 7-7　高保真模型

7.3.1　页面布局

展开"工资管理"模块，选中视图下面的"新建页面"，选中视图右击→选择"新建"→选择"新建页面"，如图 7-8 所示，将页面名称为"EmployeeMan"，显示名称为"基础工资管理"。

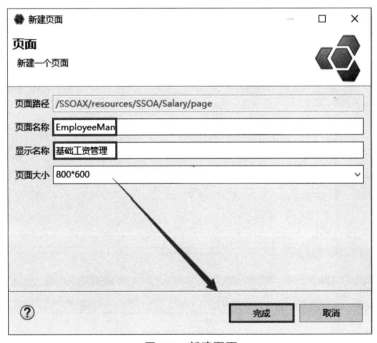

图 7-8　新建页面

根据设计界面需要对页面进行东西布局，然后在东布局里进行南北布局。打开新建的页面，如图 7-9 所示，在页面中央右击→选择"属性"，在属性框内单击"西"。

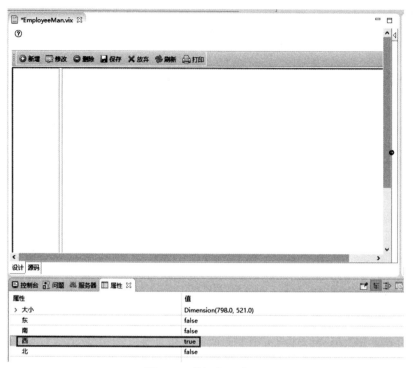

图 7-9 进行东西布局

选中东布局,如图 7-10 所示,在属性框内单击"北"。

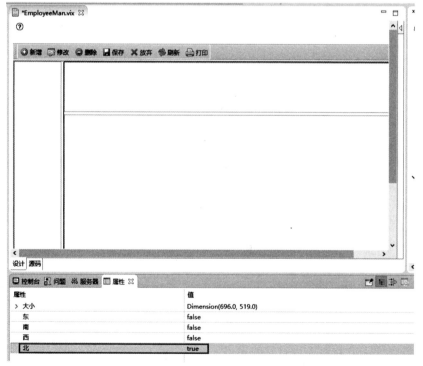

图 7-10 南北布局

选中布局后可拖动锚点改变布局的大小，如图 7-11 所示。

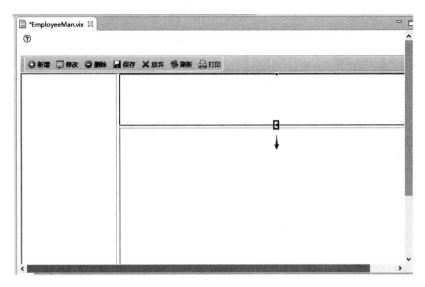

图 7-11　改变布局的大小

7.3.2　页面填充

"基础工资管理"页面的功能是，在部门树中选中某部门，表格展示该部门所有员工，选中表格中某个员工信息后可以编辑员工信息，也可选中部门后在该部门下新建员工工资信息。

接下来根据功能需求完善页面内容，核格制造平台为可视化开发平台，只需在画板中找到页面元素，单击元素，再在页面需添加位置单击即可添加，具体操作如下：

（1）在西布局内添加一个普通树，如图 7-12 所示。

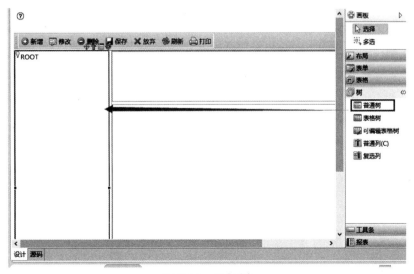

图 7-12　添加树

（2）双击树，修改标题，如图 7-13 所示。

图 7-13　修改标题

（3）如图 7-14 所示，设置"根节点"，并设置树加载方式为异步加载。

图 7-14　设置数据加载类型

（4）如图 7-15 所示，在北布局内添加一张表单用于编辑员工工资信息。

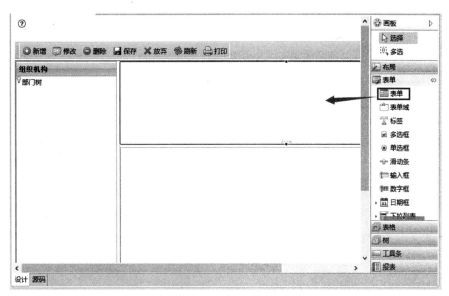

图 7-15　添加表单

（5）如图 7-16 所示，双击表单，设置表单编号与标题。

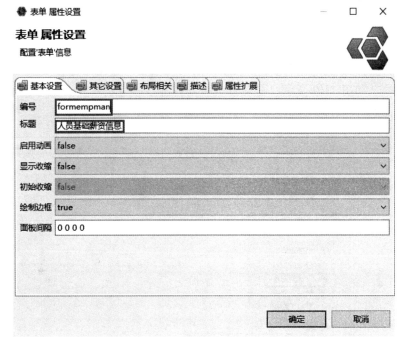

图 7-16　设置表单编号与标题

（6）添加表输入单项，如图 7-17 所示，将实体拖动到表单中，在 Form 生成组件中选中需要的表单项及表单类型。

图 7-17　添加表单项

（7）新建好的表单如图 7-18 所示。

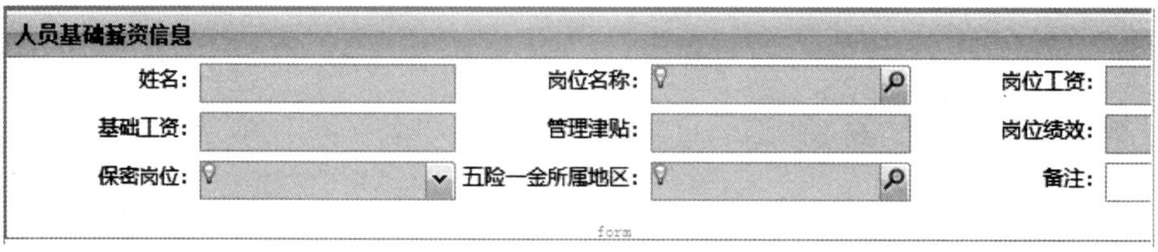

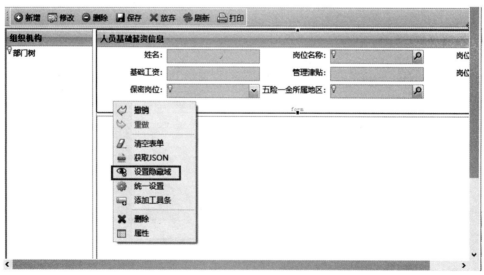

图 7-18　需要添加的表单项

（8）有些字段在表单中不用展示，但不添加的话会影响数据保存，可以将这些字段放于表单的隐藏域内，如图 7-19 所示，在表单空白处右击添加隐藏域。

图 7-19　添加隐藏域

（9）如图 7-20 所示，在隐藏域中添加需要隐藏的字段。

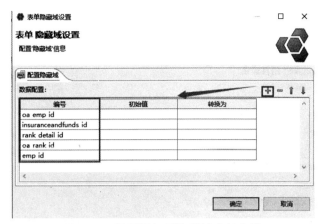

图 7-20　需要添加到隐藏域中的字段

（10）如图 7-21 所示，在南布局中添加普通表格。

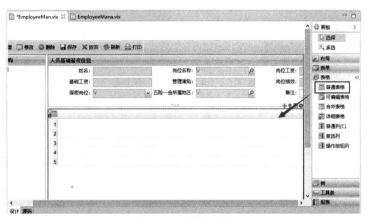

图 7-21　添加表格

（11）如图 7-22 所示，双击表格，修改表格编号及标题。

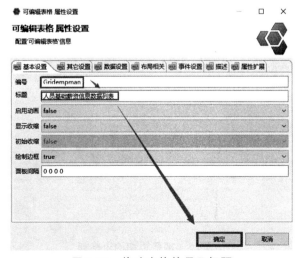

图 7-22　修改表格编号及标题

（12）如图 7-23 所示，取消数据自动加载。

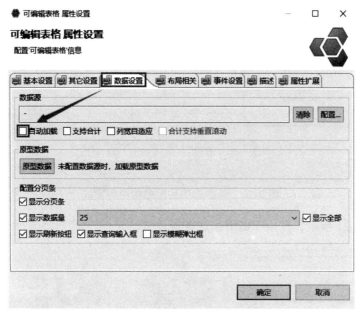

图 7-23　取消数据自动加载

（13）如图 7-24 所示，将实体拖拽到表格中添加表格列，选择需要添加的表格列。

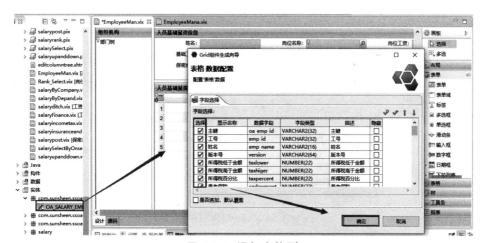

图 7-24　添加表格列

（14）添加好的表格列如图 7-25 所示。

图 7-25　需要添加的表格列

（15）至此，页面就制造完成了，如图 7-26 所示，页面制造过程全是通过可视化制造的。

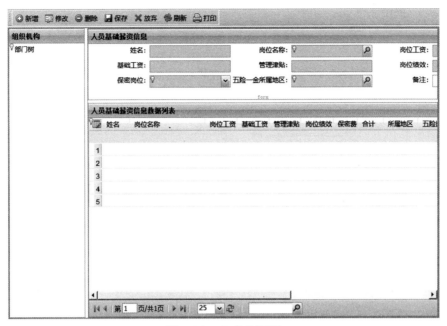

图 7-26　完成的页面

7.4　数据制造

页面制造完成后需要为页面部门树制造数据，如图 7-27 所示，选中数据下的包→右击→选择"新建"→选择"数据查询"，如图 7-28 所示，将数据查询命名为"SalaryEmployeeMan"。注意，根据命名规范数据查询名称首字母必须大写。

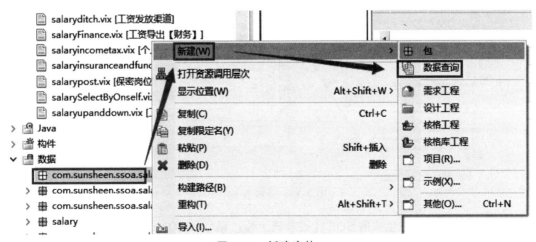

图 7-27　新建实体

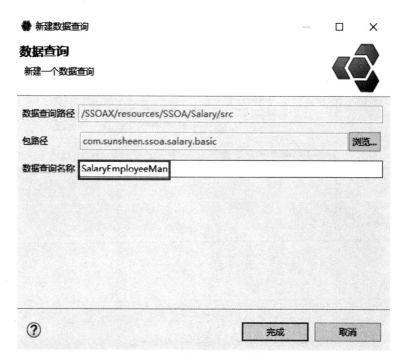

图 7-28　填写数据查询名

完成数据查询创建后，如图 7-29 所示，将实体拖动到数据查询中生成查询语句。

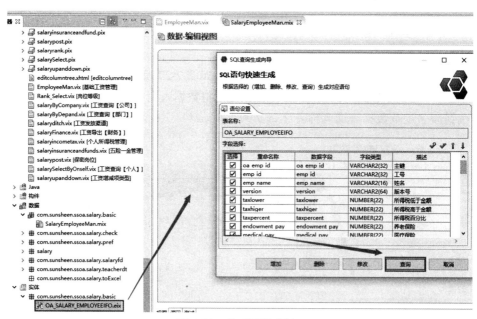

图 7-29　生成查询语句

如图 7-30 所示，在生成的 SQL 代码基础上修改编号及 SQL 语句，修改完成后刷新返回集合。

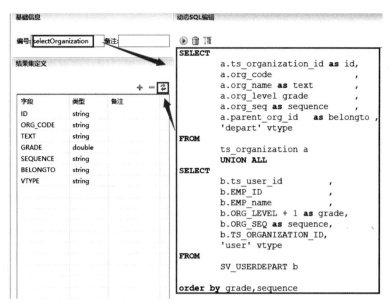

图 7-30　编辑 SQL

返回页面，如图 7-31 所示，将部门树与数据源绑定。

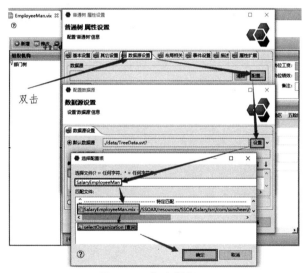

图 7-31　绑定数据源

7.5　页面逻辑流制造

　　页面和页面数据已经制造好了，接下来制造页面单击表格树及按钮所要触发的事件。在核格制造平台中该事件叫作页面逻辑流，页面逻辑流也是通过可视化拖拽装配制造的。页面内的事件是由"系统设计"环节的"用例脚本"推导出来的，在设计环节页面逻辑流的构件及连线已经完成，在制造环节只需配置构件参数。

为了更加清晰地了解核格制造平台中页面逻辑流的创建流程，这里直接重新在平台中创建，具体操作如下：

（1）为部门树创建页面逻辑流，如图 7-32 所示双击部门树，在事件中的单击事件创建页面逻辑，接着创建页面逻辑流。

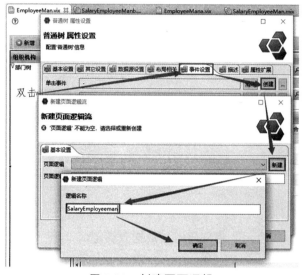

图 7-32　创建页面逻辑

（2）如图 7-33 所示，填写页面逻辑流的名称。

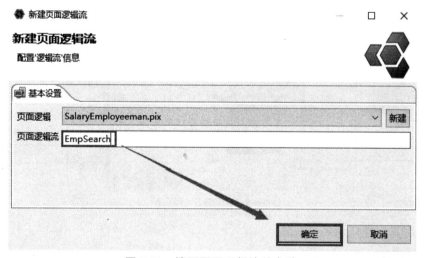

图 7-33　填写页面逻辑流的名称

（3）双击页面逻辑流编辑器空白处，如图 7-34 所示，创建局部变量。

页面逻辑流配置

页面逻辑流配置

页面逻辑流配置详细信息

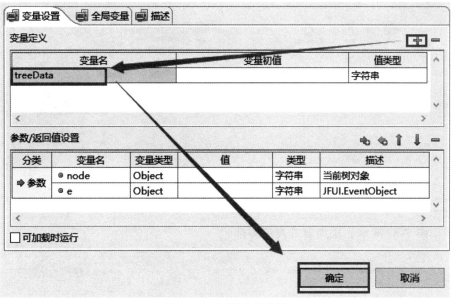

图 7-34　创建局部变量

（4）在构件库中拖拽需要的构件组成该事件的完整功能，如图 7-35 所示，添加赋值构件。

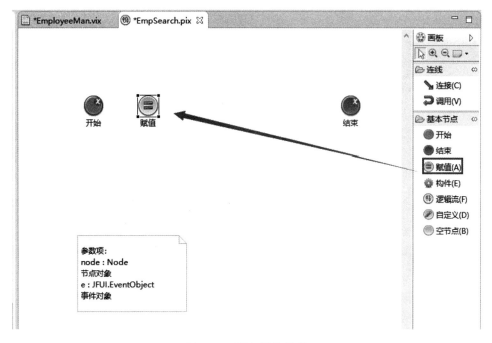

图 7-35　添加赋值构件

（5）如图7-36所示，添加重载表格数据构件。

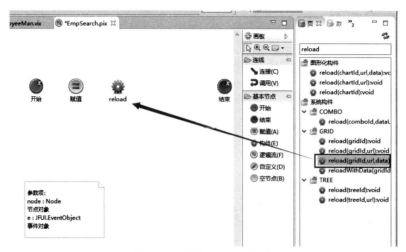

图 7-36　添加 reload 构件

（6）如图7-37所示，添加重载表单构件。

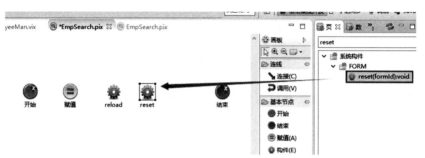

图 7-37　添加 reset 构件

（7）如图7-38所示，添加判断构件。

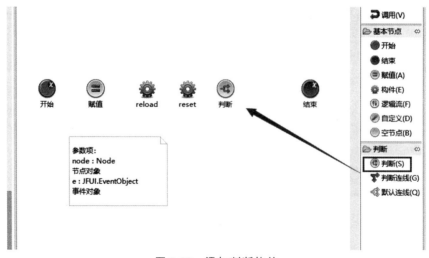

图 7-38　添加判断构件

（8）如图 7-39 所示，添加表单项赋值构件。

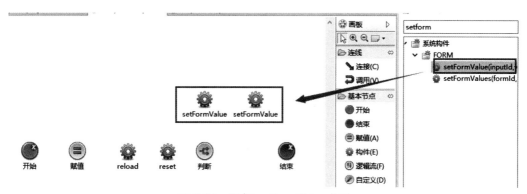

图 7-39　添加 setFormValue 构件

（9）构件添加完成后使用连线连接构件，除了判断构件，其余连线都是普通连线，如图 7-40 所示。

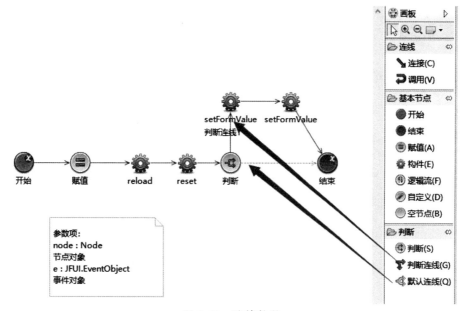

图 7-40　连接构件

7.6　面向服务的业务流程制造

在"系统设计"环节从业务情景的转换得到初步的"工作流"，再经过分析保留 "线上部分"就得到了需要在线执行的工作流，如图 7-41 所示。

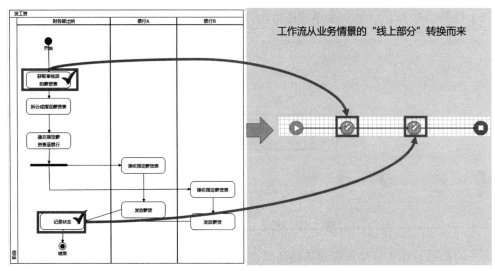

图 7-41　工作流转换过程

　　在制造环节需要将推导出的工作流在"核格 集成开发平台"中进行可视化装配制造，本节示例为"员工顶薪"流程，员工入职后人事制定员工工资后提交公司领导审批。

7.6.1　配置流程引擎

　　如图 7-42 所示，点击平台上方的"窗口"菜单，在菜单里选择"首选项"。

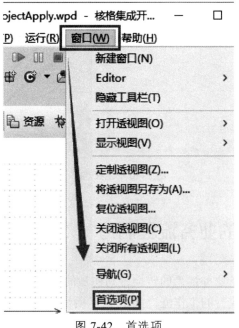

图 7-42　首选项

　　如图 7-43 所示，在首选项中依次"展开核格平台"→"工作流"→"流程引擎交互配置"，将服务器项目名改成招投标管理系统的项目名"SSOAX"，完成后依次点击"应用"和"确认"按钮。

图 7-43 流程引擎交互配置

7.6.2 创建流程文件

如图 7-44 所示，在"业务流程"目录下创建流程目录"Salary"，在流程目录"Salary"下创建流程文件"Salary.wpd"。

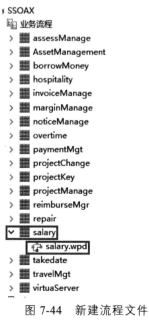

图 7-44 新建流程文件

如图 7-45 所示，在流程编辑器中添加"任务"节点，选中任务节点的名称按 F2 键修改节点名称。

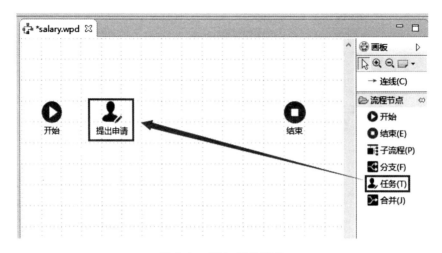

图 7-45　添加任务节点

根据系统设计文档设计的流程，如图 7-46 所示，依次添加"提出申请""总经理审批""董事长审批"等节点并使用普通连线连接。

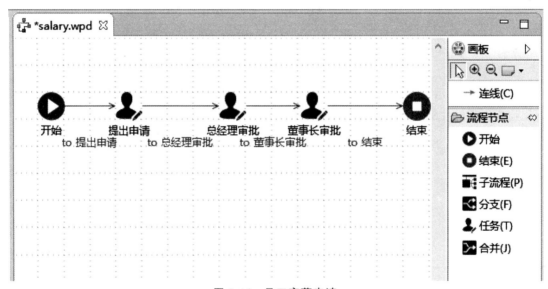

图 7-46　员工定薪申请

在每个流程文件中都需要配置执行人、显示页面、变量等数据。

7.6.3　流程配置

双击打开流程第一个任务节点"提出申请"，如图 7-47 所示，依次选择"表单"→"浏览"，在浏览框内输入页面名称"salaryfdWps"，选中本项目的项目申报页面后点击"确定"。

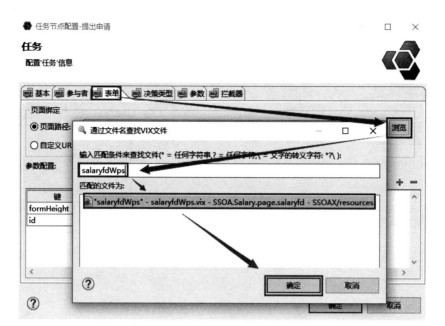

图 7-47　配置显示页面

如图 7-48 所示，点击"参数配置"里的加号添加流程变量，键为"project_apply_id"，值为"project_apply_id"，类型为"流程变量"，按照相同配置方式依次配置其他节点。

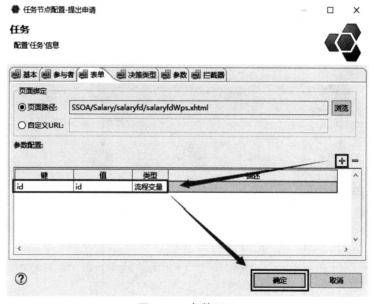

图 7-48　参数配置

7.6.4　创建流程变量

在核格制造平台中每个工作流都将按照类型进行归类，初始的数据库中没有流程类型，需要新建数据类型。部署项目启动服务器，登录系统后依次展开"流程管理"→"基础信息"，如图 7-49 所示，选中"树形根节点"，点击"新增"按钮，填写流程类型等基本数据后点击"保存"按钮。

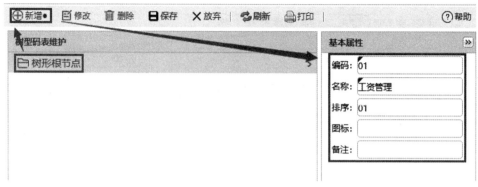

图 7-49　新增流程类型

7.6.5　页面逻辑流开发

接下来创建发起流程的页面逻辑流，首先创建按钮，在页面按钮组右侧右击→添加按钮，双击按钮，修改按钮名称为"提交"。接着为按钮添加图标及新建页面逻辑流，如图 7-50 所示，在页面逻辑流中按照设计的功能添加并配置页面逻辑流参数。

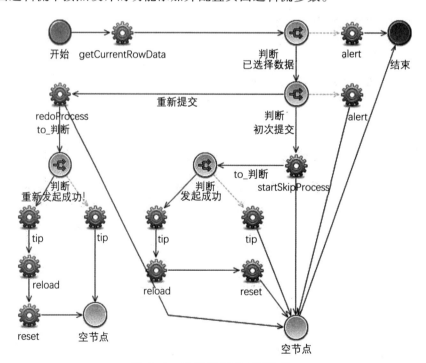

图 7-50　流程发起页面逻辑流

至此，流程制造便完成了，主要的工作就是按照"系统设计"环节设计的流程及事件进行文件创建、添加构件、参数配置。

7.7 服务制造

在"软件制造"环节需对"系统设计"环节设计的业务逻辑流和服务进行实现。本节主要以"工资管理系统"中的公用数据保存服务为例进行介绍。

7.7.1 业务构件编排

（1）根据设计在业务逻辑流里实现业务构件或接口的编排，如图 7-51 所示，在库工程内新建各级目录、包，新建业务逻辑流文件。

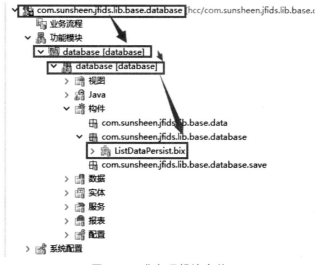

图 7-51　业务逻辑流文件

（2）双击业务逻辑流文件，如图 7-52 所示在"基本属性配置"内添加"数据变量"，也就是我们要编排的接口。

图 7-52　添加数据变量

（3）如图 7-53 所示，在"业务构件配置"里添加"参数"，数据名为"controlList""entityList"，数据类型均为"java.utl.List"，添加"返回"，数据名为"retMsg"，数据类型为"java.utl.Map"。

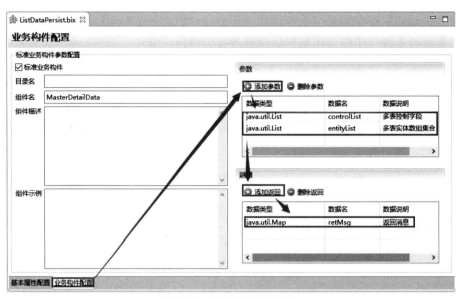

图 7-53　添加变量及返回

（4）保存数据后即可看到生成的 run.bix 文件，如图 7-54 所示。

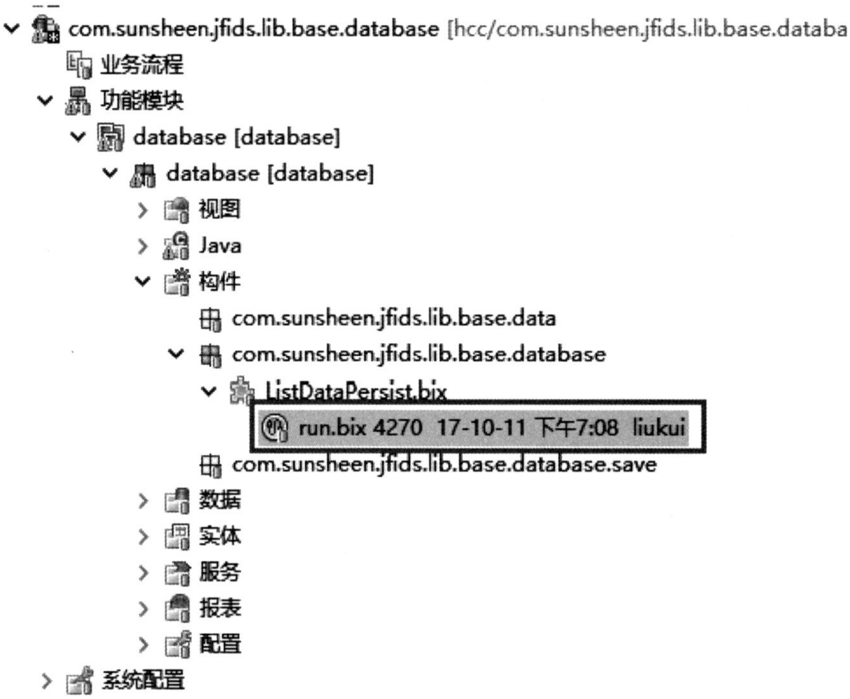

图 7-54　run.bix 文件

（5）如图 7-55 所示，双击打开 run.bix 文件，接着打开"业务逻辑流构件库"，在构件库内切换到变量视图，将创建好的接口拖入编辑器进行编排。

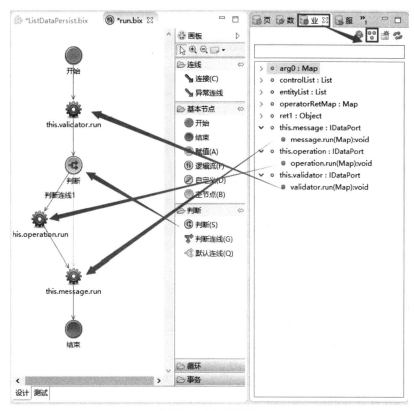

图 7-55　接口编排

7.7.2　构件开发

服务编排完成后将接口对应的构件进行实现，若构件库中无对应构件，则需要重新开发构件。首先开发数据保存构件，如图 7-56 所示，在库工程里创建包和 Java 类"SaveComponent"。

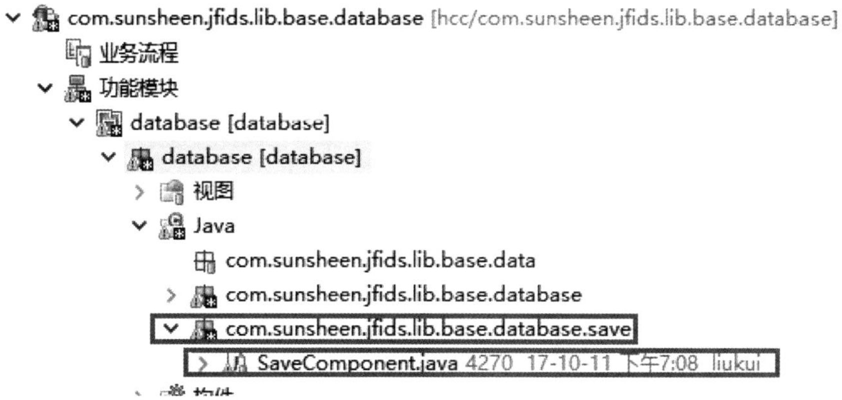

图 7-56　数据保存构件

部分代码如下：

```
@BixComponentPackage（dirname = "DEMOUTILS"）
public class SaveComponent extends ABaseComponent {
@Component（name = "save", memo = "将新增的数据放入 list 集合作为参数传入，并进行批量插
入"）
@Params（{
@ParamItem（type = "java.util.List", name = "argControlList", comment = "需要操作的控制对象"），
@ParamItem（type = "java.util.List", name = "argEntityList", comment = "需要操作的实体对象列表
"）}）
@Returns（retValue = { @ReturnItem（type = "java.util.Map", name = "retMsg", comment = "返
回执行结果，返回以下格式的 Map: {retcode:", retmsg:"}，其中 retcode 包含（'0':失败，'1':成功），retmsg:
操作结果提示信息"）}）
@Override
    public Object run（Map param）{
        List argControlList = （List）this.getCallParam（param, "argControlList"）;
        List<Object> argEntityList = （List<Object>）this.getCallParam（param, "argEntityList"）;
        System.out.println（argControlList +"===="+ argEntityList）;
        return new CommonDao（）.save（argControlList,  argEntityList）;
    }
}
```

接下来创建数据验证的构件，这里为了对构件进行分类，如图 7-57 所示，单独创建了一
个库工程"com.sunsheen.jfids.lib.base.data.valid"，然后创建各级目录，以及 Java 类"ValidEngine
Component" 和 "ValidUtil"。

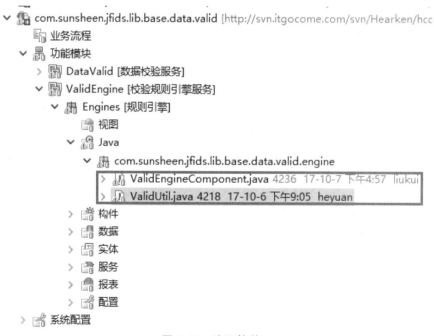

图 7-57　验证构件

验证构件"ValidEngineComponent"的部分代码如下：

```
@com.sunsheen.jfids.system.bizass.annotation.BixComponentPackage（dirname = "Valid"）
public class ValidEngineComponent extends ABaseComponent {
    private List<IDataPort> validator;
    @Reference
    public void setValidator（List<IDataPort> validator）{
        this.validator = validator;
    }
    @SuppressWarnings（"rawtypes"）
    @Component（name = "ValidEngineComponent", memo = "验证规则引擎构件"）
    @Params（{
        @ParamItem（type = "java.lang.String", name = "argString", comment = "待验证字符串"），
        @ParamItem（type = "java.lang.String", name = "argRule", comment = "验证规则"）}）
    @Returns（retValue = { @ReturnItem（type = "java.lang.Boolean", name = "ret", comment = "返回值"）}）
    @Example（exeampleValue = { @ExampleItem（exeCom = "Java 业务构件代码示例"）}）
    public Object run（Map param）{
        Boolean bol = false;
        if（validator != null）{
            for（int i = 0; i < validator.size（）; i++）{
                IDataPort valid = validator.get（i）;
                System.out.println（"验证引擎调用第" + i + "个验证构件的返回值: "
                        + BixUtil.execute（valid, param））;
            }
        }
        return true;
    }
}
```

验证构件"ValidUtil"的部分代码如下：

```
public class ValidUtil {
    private static final String[][] ruleType={{"email", "checkEmail"}, {"card", "checkIdCard"},
{"mobile", "checkMobile"}, {"phone", "checkPhone"},
        {"digit", "checkDigit"}, {"decimals", "checkDecimals"}, {"blankSpace", "checkBlankSpace"},
{"chinese", "checkChinese"}, {"birthday", "checkBirthday"},
        {"URL", "checkURL"}, {"postcode", "checkPostcode"}, {"IPAddress", "checkIpAddress"},
{"strisNull", "StrisNull"}, {"strNotNull", "StrNotNull"},
        {"number", "isNumber"}, {"integer", "isInteger"}, {"INTEGER_NEGATIVE", "isINTEGER_
NEGATIVE"}, {"iNTEGER_POSITIVE", "isINTEGER_POSITIVE"},
```

```
        {"double",        "isDouble"},        {"dOUBLE_NEGATIVE",        "isDOUBLE_NEGATIVE"},
{"dOUBLE_POSITIVE", "isDOUBLE_POSITIVE"}, {"date", "isDate"}, {"age", "isAge"},
    /**
        * 验证 Email
        *
        * @param email
        * email 地址，格式：zhangsan@sunsheen.cn, zhangsan@xxx.com.cn,
        * xxx 代表邮件服务商
        * @return 验证成功则返回 true, 验证失败则返回 false
        */
    public static boolean checkEmail（String email）{
        String regex = "\\w+@\\w+\\.[a-z]+（\\.[a-z]+）?";
        return Pattern.matches（regex,   email）;
    }
```

7.7.3 服务装配

在库工程内创建服务装配，将根据系统设计对服务进行逐层装配。如图 7-58 所示，首先创建数据库持久化服务"ListDataPersistence"，具体操作如下:。

图 7-58　数据库持久化服务

（1）如图 7-59 所示，双击打开数据库持久化服务"ListDataPersistence"，将业务逻辑流构件"ListDataPersist"拖动到服务编辑器内生成服务构件。

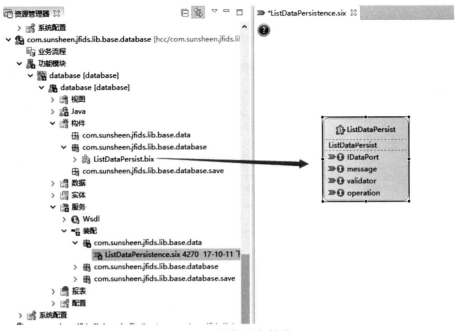

图 7-59　添加服务构件

（2）如图 7-60 所示，将数据验证 Java 类"ValidEngineComponent"拖动到服务内生成验证服务构件。

图 7-60　添加数据验证服务构件

（3）用基本连线连接添加的两个构件，如图 7-61 所示，单击画板内的"基本连线"→"单击""ListDataPersistence"构件的"validator"接口→单击"ValidEngineComponent"构件的"IDataPort"参数。

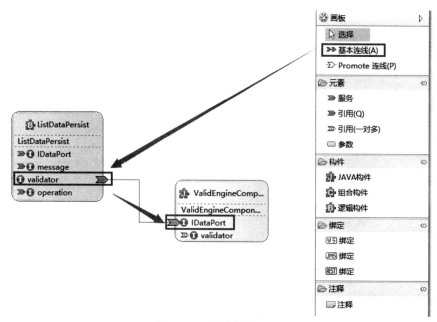

图 7-61　连接构件

（4）构件的其他接口不在本服务内实现，将为实现的接口向外暴露，在其他服务层实现。操作步骤为：如图 7-62 所示，单击画板内的"Promote 连线"→选中未实现的接口向右侧拖动→松开鼠标。

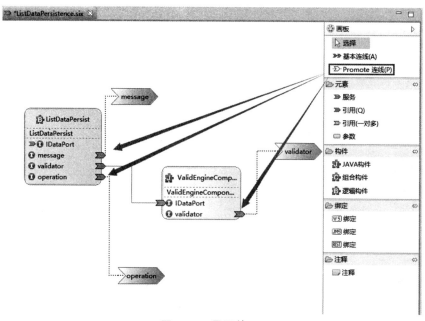

图 7-62　暴露接口

（5）该服务需要被其他服务调用，所以需要将服务向外层暴露。操作步骤为：如图 7-63 所示，单击画板内的"Promote 连线"→选中接口"IDataPort"向左侧拖动→松开鼠标。

*ListDataPersistence.six
IDataPort
message
validator
ListDataPersist
IDataPort
message
validator
operation
ValidEngineComp...
ValidEngineCompon...
IDataPort
validator
operation
画板
选择
基本连线(A)
Promote 连线(P)
元素
服务
引用(Q)
引用(一对多)
参数
构件
JAVA构件
组合构件
逻辑构件
绑定
绑定
绑定
绑定
注释
注释

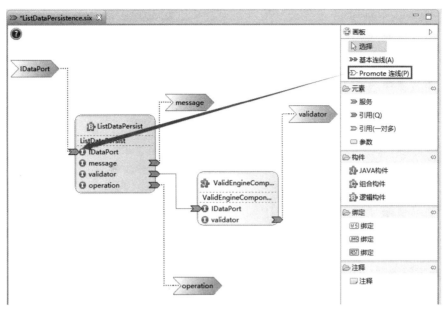

图 7-63　暴露服务

（6）根据系统设计新建服务文件“ListDataDBPersistence”，如图 7-64 所示，将服务“ListDataPersistence”拖入编辑器中生成服务构件，暴露服务及接口。

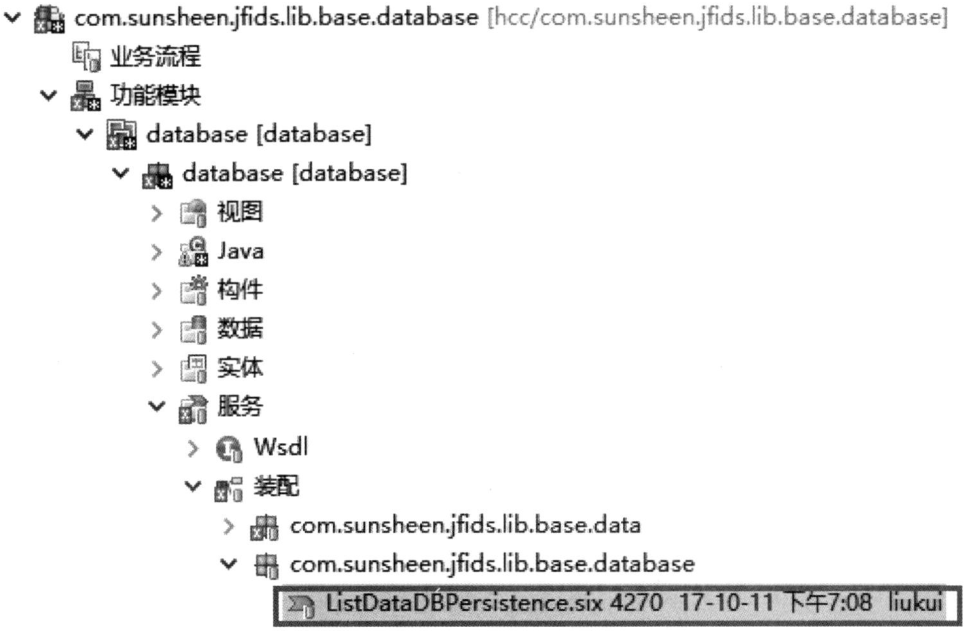

com.sunsheen.jfids.lib.base.database [hcc/com.sunsheen.jfids.lib.base.database]
业务流程
功能模块
database [database]
database [database]
视图
Java
构件
数据
实体
服务
Wsdl
装配
com.sunsheen.jfids.lib.base.data
com.sunsheen.jfids.lib.base.database
ListDataDBPersistence.six 4270 17-10-11 下午7:08 liukui

图 7-64　新建服务

（7）新建好的数据的数据库持久化服务如图 7-65 所示。

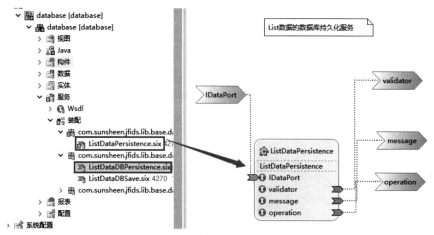

图 7-65　List 数据的数据库持久化服务

（8）新建服务"ListDataDBSave"，如图 7-66 所示，将服务"ListDataDBPersistence"及 Java 类"DataBaseMessageComponent"和"SaveComponent"拖入编辑器中生成服务构件，用连线连接构件，暴露服务和接口。

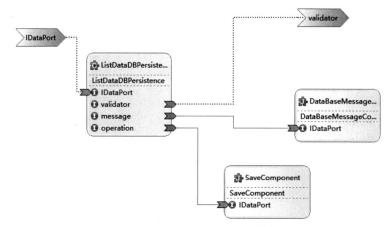

图 7-66　ListDataDBSave 服务

（9）最后新建一个供页面逻辑流调用的服务"Save"，如图 7-67 所示，将服务"ListDataDBSave"拖入编辑器生成构件，将服务向外暴露。

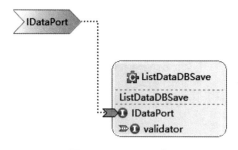

图 7-67　Save 服务

7.8 自动化软件发布

项目完成后可通过平台可视化部署发布功能进行软件部署发布,如图 7-68 所示,点击"项目部署向导"按钮。

图 7-68　工程部署向导按钮[①]

如图 7-69 所示,在工程部署向导内点击"新建部署"按钮,在创建部署向导窗内勾选工程,选择部署的服务器,点击"完成"等待项目部署完成。

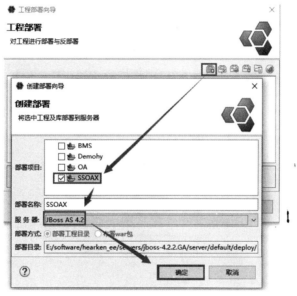

图 7-69　创建部署

部署完成后就启动服务器,如图 7-70 所示,在服务器窗口选中部署的服务器,点击以调试方式启动按钮。

图 7-70　启动服务器

---

① 图中"布署"正确的写法为"部署"。

启动完成的服务器如图 7-71 所示。

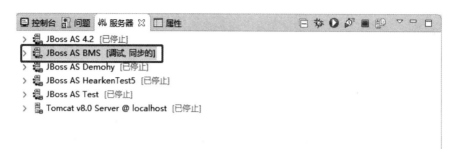

图 7-71　服务器正常启动

启动完成后需要登录系统创建流程类型，如图 7-72 所示，在部署向导里选中部署的工程，点击浏览器访问，也可以直接在浏览器输入访问网址"localhost:8888/SSOA/index.xhtml"。

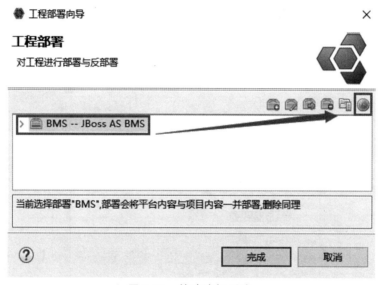

图 7-72　快速访问系统

7.9　小　结

本章将"工资管理系统"的一个模块作为案例，讲解了软件制造如何承接"软件设计工程"中的软件设计部分，并通过核格集成开发平台将设计工程中设计的功能进行制造。

第8章 软件制造展望

8.1 软件工程的智能化

随着大数据及人工智能相关技术的发展，人工智能被广泛应用于各个行业。软件行业也同样跟随着时代发展的步伐往智能化软件制造的方向发展。本节主要介绍人工智能技术在软件服务智能推荐与匹配以及服务智能装配方向的展望。

8.1.1 服务与微服务智能推荐

服务是基于SOA架构而形成的，将应用程序的不同功能单元（称为服务）进行拆分，并通过这些服务之间定义良好的接口和契约联系起来。接口采用中立的方式进行定义，它独立于实现服务的硬件平台、操作系统和编程语言。这使得构建在各种各样的系统中的服务能够以一种统一和通用的方式进行交互。

将服务进行封装即形成了服务构件，服务构件对外向用户提供一个具有独立功能的服务。根据不同粒度的划分，可以将服务构件划分为基础服务构件、系统服务构件、业务服务构件及行业服务构件。

当今国内外大多数软件开发公司，都已从传统的软件开发转换为基于SOA的服务构件开发模式，在一个面向服务的体系中，一个应用模块可以轻易地被替换，也可以快速地被重新组合成新的模块。但是基于服务构件的开发模式需要有软件平台的支撑，才能打造出能够灵活应变的SOA服务，才能在一定程度上提高软件功能和模块的复用率，避免传统的烟囱式开发模式，从而提高软件开发效率，减少软件开发人员的工作量。

微服务也是服务，其关键是系统要提供一套基础的架构，这种架构使得微服务可以独立的部署、运行、升级，不仅如此，还让微服务与微服务之间在结构上"松耦合"，而在功能上则表现为一个统一的整体。这种所谓的"统一的整体"表现出来的是统一风格的界面、统一的权限管理、统一的安全策略、统一的上线过程、统一的日志和审计方法、统一的调度方式、统一的访问入口等。

虽然借助服务和微服务能够提高软件开发效率，但是在实际的产品化软件工具中，对服务构件的业务流程进行编排时，仍然需要大量的时间，且对软件开发人员的能力要求较高，否则就会对实际开发造成困难。因此，在软件开发人员使用工具过程中为用户智能化的推荐服务构件成为一个必然的发展趋势。

在信息过载的推动下，推荐系统成为各大互联网公司攻城略地、开疆拓土的必备工具。针对实际的服务场景，可以采用传统的推荐算法，如基于用户的协同过滤推荐算法、基于物品的协同过滤推荐算法、基于 SVD 的推荐算法、基于矩阵分解的推荐算法；也可以采用基于机器学习的推荐算法，如循环神经网络结果，分析服务构件之间的逻辑关联，从而为用户推荐服务构件。在软件开发过程中，可以借助推荐算法，完成服务构件的推荐。

（1）基于用户的协同过滤推荐是当用户需要个性化推荐时，可以先找到与他相似的其他用户（通过兴趣、爱好或行为习惯等），然后把那些用户喜欢的并且自己不知道的物品推荐给用户。

基于用户的协同过滤算法主要包括以下两个步骤：

① 找到与目标用户兴趣相似的用户集合。

② 找到这个集合中用户喜欢的，且目标用户没有听说过的物品推荐给目标用户。

（2）基于物品的协同过滤推荐是给用户推荐那些和他们之前喜欢的物品相似的物品。此算法认为，物品 A 和物品 B 具有很大的相似度是因为喜欢物品 A 的用户大都也喜欢物品 B。

基于物品的协同过滤算法主要包括以下两个步骤：

① 计算物品之间的相似度。

② 根据物品的相似度和用户的历史行为给用户生成推荐列表。

无论是基于用户的协同过滤推荐还是基于物品的协同过滤推荐，在服务构件推荐的过程中，都可以将物品转换为服务构件，计算出服务构件之间的关联度，从而为用户进行推荐。

（3）基于 SVD 的推荐是运用奇异值分解技术，将一个比较复杂的矩阵用更小、更简单的 3 个子矩阵的相乘来表示，这 3 个小矩阵描述了大矩阵重要的特性。在推荐过程中，能够获取到构件与构件之间的使用频率信息，通过这种方式，能够构建出构件-频率矩阵，但是此矩阵是稀疏矩阵，随着构件数目的增多，稀疏程度将会更大，因此，使用 SVD 推荐算法可以有效降维，提高推荐算法的计算效率。

（4）基于矩阵分解的推荐算法活跃在推荐领域，刚刚描述的 SVD 推荐算法其实也属于矩阵分解算法的一种。推荐矩阵分解就是希望能通过用户已有的评分来预测用户对未打分或者评价项目的评价情况，而通过矩阵分解则能挖掘用户的潜在因子和项目的潜在因子，来估计缺失值。在此服务构件推荐过程中，构件频率矩阵即可用来转化通常在推荐系统中所说的用户评分矩阵。

（5）采用深度学习算法需要根据实际的应用场景和数据集特征搭建深度学习网络模型来进行模型训练和使用。

本书提供的各种思路都可供读者自己去练习或尝试。

在实际的软件开发过程中，一个软件的开发过程如图 8-1 所示，包含构件下载、构件流程化编排等各个环节，其中智能化在软件制造过程中的应用即是图中构件智能化推荐环节。其中，构件是服务与微服务思想架构的工程化落地产物。用户在实际的软件开发过程中，构件是软件开发平台的基本单元，用户的操作主要是基于构件进行。将构件与上述的各种推荐算法相结合，基于实际的软件开发场景，最终能够达到在实际软件开发过程中，为用户推荐业务场景所需的构件。

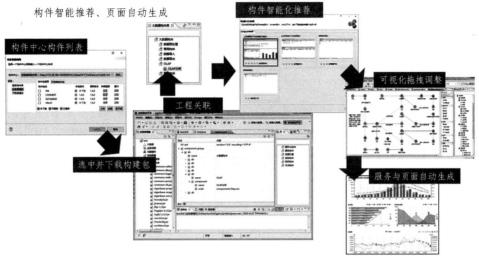

图 8-1　软件开发过程

8.1.2　服务构件功能组智能推荐

服务构件功能组代表着一组同类服务构件之间的逻辑组合关系，无论是不同粒度之间的服务构件之间还是相同粒度之间的服务构件之间都是可以根据实际的业务需求进行组合，形成一个新的功能组，这些功能组往往与业务或者行业相关。

用户在软件平台中开发软件的过程中会使用各行业、各业务模块的项目，如制造行业、气象行业、医疗行业、教育行业等。在各个类型的行业中，都具有某行业的具体特性。而对于同一个行业来说，是具有行业内部的共性。因此，在同行业或者业务范围内，经过时间的积累，能够分析总结出是可重用的共性服务。这些共性服务不是由单一的某个基础构件或者系统构件，而是由多个构件通过一定的业务逻辑组合而成的，这就称为功能组。对于这些功能组，可以通过标注的形式为其打上标签，根据不同的标签能够使用分类算法将所有的功能组分类。

随着时间的积累，构件库中将会存放各种各样的功能组，每个功能组可能会根据实际业务场景与行业背景构建出功能组图谱，功能组图谱之间包含着功能组之间的联系。其中的关系有：组合、互斥、弱业务关联、强业务关联、弱行业关联、强行业关联等各种关系。

有了功能组分类的基础，当用户在使用软件平台进行软件开发时，当面临不同的行业时，平台能够将当前的行业文本与功能组的分类标签进行匹配，符合标签领域范围的功能组将会作为候选功能组推荐给当前用户。

对于在软件开发过程中，当用户想要对某一功能组进行深入研究时，可以直接通过软件平台智能化生成的功能组图谱，从宏观和微观上对功能组的内容进行详细了解。

8.1.3 面向软件"构件服务中心"的智能服务装配

软件行业的智能化发展主要应用在软件制造过程中，除了对服务的智能推荐和服务构件功能组推荐，智能化应用还能够体现在服务装配阶段。

软件平台的所有服务构件都存放在构件库中，用户在软件制造平台中直接在构件中心下载相应构件即可。构件服务中心提供了服务构件的上传、下载、分类等各种功能，方便维护人员使用。

基于服务的开发过程中最重要的关键点之一就是服务构件的装配过程。在服务构件的装配过程中，需要满足软件平台实际的操作原则以及服务装配的理论装配原则。因此，当用户在使用服务装配的过程中，要清楚地了解实际的业务过程，否则装配出的服务结果可能会不满足实际的业务需求。

基于上述可能出现的问题，本书的展望部分提出了智能化服务装配，即在用户对实际业务装配过程中，能够自动化为用户生成推荐的服务装配结果和过程，帮助用户进行多元化选择，从而提高软件的开发效率。服务装配是指基于软件的开发业务场景，对服务或服务功能组之间进行逻辑关系的装配组合。不同行业、不同业务之间的都有着不同服务装配逻辑关系。智能化的服务装配无疑能够为用户在开发过程中提高软件的开发效率。

智能化服务装配的实现需要借助到推荐算法、分类、文本标注等一系列人工智能相关算法，大家感兴趣可以进行深入了解。

8.2 软件工程的自动化

人工智能除了对软件工程的智能化发展起到重要作用，同样，人工智能的相关技术也能推动软件工程的自动化发展。

人工智能从提出到现如今的广泛应用，经历了几次不同程度的革命。人工智能在 20 世纪 50—60 年代被正式提出。1950 年，一位名叫马文·明斯基（后被人称为"人工智能之父"）的大四学生与他的同学邓恩·埃德蒙一起，建造了世界上第一台神经网络计算机。这也被看作是人工智能的起点。巧合的是，同样是在 1950 年，被称为"计算机之父"的阿兰·图灵提出了一个举世瞩目的想法——图灵测试。按照图灵的设想：如果一台机器能够与人类开展对话而不能被辨别出机器身份，那么这台机器就具有智能，而就在这一年，图灵还大胆预言了真正具备智能机器的可行性。1956 年，在由达特茅斯学院举办的一次会议上，计算机专家约翰·麦卡锡提出了"人工智能"一词。后来，这被人们看作人工智能正式诞生的标志。就在这次会议后不久，麦卡锡从达特茅斯搬到了 MIT，同年，明斯基也搬到了这里，之后两人共同创建了世界上第一座人工智能实验室——MIT AI LAB 实验室。值得注意的是，茅斯会议正式确立了 AI 这一术语，并且开始从学术角度对 AI 展开了严肃而精专的研究。在那之后不久，最早的一批人工智能学者和技术开始涌现，从此人工智能走上了快速发展的道路。

人工智能的第一次高峰：在 1956 年的这次会议之后，人工智能迎来了属于它的第一次高峰。在这段长达 10 余年的时间里，计算机被广泛应用于数学和自然语言领域，用来解决代数、几何和英语问题。这让很多研究学者看到了机器向人工智能发展的信心。甚至在当时，有很多学者认为：20 年内，机器将能完成人能做到的一切。

人工智能的第一次低谷：20 世纪 70 年代，人工智能进入了一段痛苦而艰难的岁月。由于科研人员在人工智能的研究中对项目难度预估不足，不仅导致与美国国防高级研究计划署的合作计划失败，还让大家对人工智能的前景蒙上了一层阴影。与此同时，社会舆论的压力也开始慢慢压向人工智能，导致很多研究经费被转移到了其他项目上。

在这之后，人工智能仍然经历了几次起起落落的高峰和低谷，直到 2006 年，Hinton 在神经网络的深度学习领域取得突破，人类又一次看到机器赶超人类的希望，这也是标志性的技术进步。

2016 年，AlphaGo 战胜围棋冠军。AlphaGo 是由 Google DeepMind 开发的人工智能围棋程序，具有自我学习能力。它能够搜集大量围棋对弈数据和名人棋谱，学习并模仿人类下棋。DeepMind 已进军医疗保健等领域。

2017 年，深度学习大热。AlphaGoZero（第四代 AlphaGo）在无任何数据输入的情况下，开始自学围棋 3 天后便以 100:0 横扫了第二个版本的"旧狗"，学习 40 天后又战胜了在人类高手看来不可企及的第三个版本的"大师"。

随着人工智能的发展，现如今，机器学习、深度学习已经被广泛应用于生活生产的方方面面。同样地，对于在软件制造方面，人工智能仍然能够被应用在其中发挥重要的作用。人工智能能够被应用在软件需求阶段、设计阶段、开发编码阶段、测试运维等各个阶段。本书主要从软件文档自动生成和软件制造向导智能生成方面进行讲述。

8.2.1 软件制造文档自动生成

软件的全生命周期，包括软件需求阶段、设计阶段、开发编码阶段、测试运维等各个阶段。在这些阶段过程中，都需要有一定的软件文档作为实际软件的支撑和保障。软件制造文档是软件开发使用和维护过程中的必备资料。它能提高软件开发的效率，保证软件的质量，而且在软件的使用过程中有指导、帮助、解惑的作用，尤其在维护工作中，文档是不可或缺的资料。一个编写良好的技术文档在项目中能够很好地建立沟通与协作，起到积极的作用。

如图 8-2 所示，在软件开发全生命周期中，软件文档贯穿整个过程，各个阶段生成的文档都是对该阶段的理论支撑，是软件开发过程中逻辑推理和证明的形式化表达。

实际的软件制造文档都具有一定的模板规范，其中定义了制造过程中各种构件类型的要求，这些元素能够帮助制造人员较好地开发与沟通，从而提高软件制造过程的便捷性和效率。

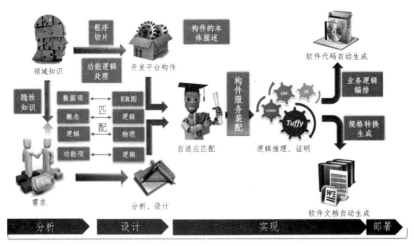

图 8-2　软件开发全生命周期

　　软件制造文档的自动生成是用户在使用软件开发工具的同时，平台自动为开发人员将制造过程的各类要素转化为结构化数据，最终形成软件制造文档。自动生成软件制造文档无疑是开发人员的福音，在一定程度上减少了开发人员的工作量。

　　自动生成软件制造文档需要软件制造文档模板作为支撑，通过元素的传递和解析，在开发过程中，开发人员可以直接借助平台输入元素的关键信息，各元素与模板相匹配最终能自动生成软件制造文档。

　　软件制造文档的自动化无疑是推动了软件工程的自动化发展，在一定程度上促进了软件全生命周期的自动化。当然，大家可以继续思考，在软件工程的其他阶段，各类文档是否能够自动生成，如果需要自动生成又需要哪些元素呢？除此之外，大家可以思考在软件制造阶段除了制造文档能自动生成外还有哪些要素可以自动生成呢？大家可以从各个方面进行进一步的深入思考。

8.2.2　软件制造向导自动生成

　　当用户在使用软件开发工具时，都需要提前进行一定程度的培训才能够正确地使用软件平台。与此同时，对软件平台不熟悉的开发人员和对软件平台熟练的开发人员在开发同一个软件项目时，因为对软件平台的熟悉不同，都会造成软件开发周期以及质量的不一致等问题。

　　因此，在实际的软件开发过程中，借助人工智能技术，为软件开发平台提供制造智能向导能够有效地提高软件制造效率。并且，可视化的智能向导更加能够方便开发人员在使用软件平台过程中的各类操作。

　　首先，先对各类软件制造过程进行分类，并为各个制造项目打上描述标签，然后对同类标签信息的项目进行分类解析，针对不同行业的项目可以采用不同的模式进行识别。最终，在软件开发的各个环节中，软件平台能够直接为用户提供智能化向导，并且智能化向导存在服务开发的全过程，无论是在选择各类业务场景的服务构件时，还是在编排业务逻辑流过程中，或者是在定义输入、输出参数时，智能化向导都为软件开发人员提供了极大的便捷。在此过程中，需要前期在项目制造过程中产生的一系列文档和操作数据作为数据集基础，来支撑网络模型的训练。

毋庸置疑，智能化向导又将软件开发推向了一个新的阶段，将软件工程推向了智能化道路，相信在不久之后，智能化机器人也能够帮助我们完成一定程度的代码编写，这在软件工程领域将会成为一个新的浪潮。

现如今，软件功能的制造过程可以依照工业界制造行业的一系列标准和开发模式进行类比、演化。软件工程可以依据加工流水线的思想，形成软件行业的软件加工中心，通过软件全生命周期的各个阶段相互配合、协作而得到可用软件。每个阶段的加工中心之间具有高内聚、低耦合的特性，每个阶段都特定的载体，各个环节之间能够满足正向可推导、反向可追溯。每个环节的工作人员只需完成特性属性的任务即可。

通过软件制造模式的转变，再加上人工智能技术的支撑，最终一定能极大地促进软件工程的智能化、自动化，从而能够提高软件开发效率，进而提高企业的软件竞争能力。

8.3 小 结

本章通过分析现阶段软件行业的技术发展情况来推测未来软件制造的发展趋势，即软件智能推荐及软件开发的自动化。

附录　常用术语解释

附表 1　常用术语解释

术　语	解　　释
SOA	英文全称：Service-Oriented Architecture，即面向服务的架构。SOA 是一个组件模型，它将应用程序的不同功能单元（称为服务）进行拆分，并通过这些服务之间定义良好的接口和契约联系起来。接口是采用中立的方式进行定义的，它应该独立于实现服务的硬件平台、操作系统和编程语言。这使得构建在各种各样的系统中的服务可以以一种统一和通用的方式进行交互
SCA	英文全称：Service Component Architecture，即服务组件框架。它是由 BEA、IBM、Oracle 等知名中间件厂商联合制定的一套符合 SOA 思想的规范。SCA 提供了一套可构建基于面向服务的应用系统的编程模型。它的核心概念是服务及其相关实现。服务由接口定义，而接口包含一组操作。服务实现可以引用其他服务，称为引用。服务可以有一个或多个属性，这些属性是可以在外部配置的数据值
SDO	英文全称：Service Data Objects，是一种针对在不同的数据源之间使用统一的数据编程模型的规范说明，为通用的应用程序模型提供健壮（robust）的支持，使应用程序、工具、框架等更容易地进行数据的增、删、查、改、约束、更新等操作
Tuscany	Tuscany 是 Apache 的开源项目，它是 IBM、Oracle、SAP 等厂商联合成立的 SOA 标准化组织——OSOA 支持下开发出的 SCA 框架，它既是开源界 SCA 的试金石，也是当前开源界最成熟的 SCA 框架之一
SASD	结构化软件开发方法（SASD），也称为面向功能的软件开发方法或面向数据流的软件开发方法。首先用结构化分析（SA）对软件进行需求分析，然后用结构化设计（SD）方法进行总体设计，最后是结构化编程（SP）。SASD 给出了两类典型的软件结构（变换型和事务型）使软件开放的成功率大大提高。结构化软件开发方法，是采用结构化技术完成软件开发的各项任务。它把软件生命周期划分成若干个阶段，依次完成每个阶段的任务；它与瀑布模型有很好的结合度，是与其最相应的软件开发方法
DevOps	Development 和 Operations 的组合词，是一组过程、方法与系统的统称，用于促进开发（应用程序/软件工程）、技术运营和质量保障（QA）部门之间的沟通、协作与整合。它是一种重视“软件开发人员（Dev）”和“IT 运维技术人员（Ops）”之间沟通合作的文化、运动或惯例。通过自动化“软件交付”和“架构变更”的流程，来使得构建、测试、发布软件能够更加快捷、频繁和可靠
ALGOL	英文全称：ALGOrithmic Language，是在计算机发展史上首批清晰定义的高级语言，由欧美计算机学家合力组成的联席大会于仍是晶体管计算机流行的 1950 年代所开发。由于 ALGOL 语句和普通语言表达式接近，更适于数值计算，所以 ALGOL 多用于科学计算机
Pascal	是最早出现的结构化编程语言，具有丰富的数据类型和简洁灵活的操作语句。由瑞士苏黎世联邦工业大学的 Niklaus Wirth 教授于 20 世纪 60 年代末设计并创立。1971 年，以计算机先驱帕斯卡 Pascal 的名字为之命名

术　语	解释
PL/I	英文全称：Programming Language One，一种程序式、指令式编程语言。由 IBM 公司在 1950 年代发明的第三代高级编程语言，用于 IBM 的 MVS 或迪吉多的 VAX/VMS 等操作系统中。在系统软件、图像、仿真、文字处理、网络、商业软件等领域均可应用。有些类似 Pascal 语言
Ada	是一种程序设计语言。源于美国军方的一个计划，旨在整合美国军事系统中运行着上百种不同的程序设计语言。其命名是为了纪念世界上第一位程序员 Ada Lovelace。Ada 不仅体现了许多现代软件的开发原理，而且将这些原理付诸实现。同时，Ada 语言的使用可大大改善软件系统的清晰性、可靠性、有效性、可维护性。Ada 是现有的语言中无与伦比的一种大型通用程序设计语言，它是现代计算机语言的成功代表，集中反映了程序语言研究的成果。Ada 的出现，标志着软件工程成功地进入了国家和国际的规模。在一定意义上说，Ada 打破了 John von Neumann 思维模式的桎梏，连同 Ada 的支持环境（APSE）一起，形成了新一派的 Ada 文化。它是迄今为止最复杂、最完备的软件工具。Ada 曾是美国国防部指定的唯一可用于军用系统开发的语言
OMG	对象管理组织（Object Management Group），OMG 是一个国际化的、开放成员的、非营利性的计算机行业标准协会，该协会成立于 1989 年。任何组织都可以加入 OMG 并且参与标准制定过程。OMG 标准由供应商、最终用户、学术机构和政府机构共同驱动。OMG 特别工作组指定的企业标准整合成一个广泛的技术和更广泛的行业范围。OMG 还主持一些组织的活动，如用户驱动信息共享云标准客户委员会（CSCC）和具有 IT 软件质量（CISQ）的 IT 行业的软件质量标准化联盟。OMG 的 OOOV（One-Organization-One-Vote）原则，保证每个组织无论大小，都拥有有影响力的发言权
通用对象请求代理体系结构（CORBA）	英文全称：Common Object Request Broker Architecture，是由 OMG 组织制定的一种标准的面向对象的应用程序体系规范，或者说 CORBA 体系结构是对象管理组织（OMG）为解决分布式处理环境（DCE）中，硬件和软件系统的互连而提出的一种解决方案
计算机辅助软件工程（CASE）	英文全称：Computer Aided/Assisted Software Engineering，原来指用来支持管理信息系统开发的、由各种计算机辅助软件和工具组成的大型综合性软件开发环境，随着各种工具和软件技术的产生、发展、完善和不断集成，逐步由单纯的辅助开发工具环境转化为一种相对独立的方法论
基于构件的软件开发（CBSD）	英文全称：Component-Based Software Development，有时也被称为基于构件的软件工程 CBSE 是一种基于分布对象技术、强调通过可复用构件设计与构造软件系统的软件复用途径。基于构件的软件系统中的构件可以是 COTS（Commercial-Off-the-Shelf）构件，也可以是通过其他途径获得的构件（如自行开发）。CBSD 体现了"购买而不是重新构造"的哲学，将软件开发的重点从程序编写转移到了基于已有构件的组装，以更快地构造系统，减轻用来支持和升级大型系统所需要的维护负担，从而降低软件开发的费用
Inter Bus	InterBus 是一个传感器/调节器总线系统，特别适用于工业用途，能够提供从控制级设备至底层限定开关的一致的网络互联。它通过一根单一电缆来连接所有的设备，而无须考虑操作的复杂度，并允许用户充分利用这种优势来减少整体系统的安装和维护成本

术　语	解释
MetaData	元数据（Metadata），又称中介数据、中继数据，为描述数据的数据（Data About Data），主要是描述数据属性（Property）的信息，用来支持如指示存储位置、历史数据、资源查找、文件记录等功能。元数据算是一种电子式目录，为了达到编制目录的目的，必须描述并收藏数据的内容或特色，进而达成协助数据检索的目的
ESB	英文全称：Enterprise Service Bus，即企业服务总线。它是传统中间件技术与 XML、Web 服务等技术结合的产物。ESB 提供了网络中最基本的连接中枢，是构筑企业神经系统的必要元素。ESB 的出现改变了传统的软件架构，可以提供比传统中间件产品更为廉价的解决方案，同时它还可以消除不同应用之间的技术差异，让不同的应用服务器协调运作，实现了不同服务之间的通信与整合。从功能上看，ESB 提供了事件驱动和文档导向的处理模式，以及分布式的运行管理机制，它支持基于内容的路由和过滤，具备了复杂数据的传输能力，并可以提供一系列的标准接口
BPEL	英文全称：Business Process Execution Language，意为业务过程执行语言，是一种基于 XML 的，用来描写业务过程的编程语言，被描写的业务过程的每个单一步骤则由 Web 服务来实现
MDD	英文全称：Model-Driven Development，是软件开发的一种样式，其中主要的软件工件是模型，根据最佳实践，可以从这些模型生成代码和其他工件。模型是从特定角度对系统进行的描述，它省略了相关的细节，因此可以更清楚地看到感兴趣的特性
软件开发模型	英文全称：Software Development Model，是指软件开发全部过程、活动和任务的结构框架。软件开发包括需求、设计、编码和测试等阶段，有时也包括维护阶段。软件开发模型能清晰、直观地表达软件开发全过程，明确规定了要完成的主要活动和任务，用来作为软件项目工作的基础
XP（极限编程）	英文全称：Extreme Programming，是一门针对业务和软件开发的规则，它的作用在于将两者的力量集中在共同的、可以达到的目标上。它是以符合客户需要的软件为目标而产生的一种方法论，XP 使开发者能够更有效地响应客户的需求变化，哪怕是在软件生命周期的后期。它强调，软件开发是人与人合作进行的过程，因此成功的软件开发过程应该充分利用人的优势，而弱化人的缺点，突出了人在软件开发过程中的作用。极限编程属于轻量级的方法，认为文档、架构不如直接编程来得直接
RAD 模型	RAD 模型是一个线性顺序的软件开发模型，强调极短的开发周期。RAD 模型是线性顺序模型的一个"高速"变种，通过使用基于构件的建造方法获得了快速开发
分布式文件系统	英文全称：Distributed File System，是指文件系统管理的物理存储资源不一定直接连接在本地节点上，而是通过计算机网络与节点相连。分布式文件系统的设计基于客户机/服务器模式。一个典型的网络可能包括多个供多用户访问的服务器。另外，对等特性允许一些系统扮演客户机和服务器的双重角色
分布式数据库	分布式数据库系统通常使用较小的计算机系统，每台计算机可单独放在一个地方，每台计算机中都可能有 DBMS 的一份完整拷贝副本，或者部分拷贝副本，并具有自己局部的数据库，位于不同地点的许多计算机通过网络互相连接，共同组成一个完整的、全局的逻辑上集中、物理上分布的大型数据库
WSDL	英文全称：Web Services DescrIPtion Language，Web 服务描述语言是为描述 Web 服务发布的 XML 格式。W3C 组织（World Wide Web Consortium）没有批准 1.1 版的 WSDL，当前的 WSDL 版本是 2.0，是 W3C 的推荐标准（Recommendation）（一种官方标准），并将被 W3C 组织批准为正式标准。WSDL 描述 Web 服务的公共接口。这是一个基于 XML 的关于如何与 Web 服务通信和使用的服务描述；也就是描述与目录中列出的 Web 服务进行交互时需要绑定的协议和信息格式。通常采用抽象语言描述该服务支持的操作和信息，使用的时候再将实际的网络协议和信息格式绑定给该服务

术　语	解释
Hearken	核格集成开发平台
JBI	英文全称：Java Business Integration，是 SUN 发布的一个用于 Java 组件进行集成的一个标准。Java Business Integration（JBI，Java 业务集成）技术规范定义了 SOA 的服务导向集成的内核和组成架构。它对公共信息路径架构、服务引擎与捆绑的插件程序接口，以及复合型服务描述机制等都进行了标准化，这样就将多种服务结合成为一个单一的、可执行的、可审核的工作单元。
ITIL	英文全称：Information Technology Infrastructure Library，信息技术基础架构库，由英国政府部门 CCTA（Central Computing and Telecommunications Agency）在 20 世纪 80 年代末制订，现由英国商务部 OGC（Office of Government Commerce）负责管理，主要适用于 IT 服务管理（ITSM）。ITIL 为企业的 IT 服务管理实践提供了一个客观、严谨、可量化的标准和规范
ITSM	IT 服务管理（ITSM）是一套帮助企业对 IT 系统的规划、研发、实施和运营进行有效管理的方法，是一套方法论。ITSM 起源于 ITIL（IT Infrastructure Library，IT 基础架构标准库），ITIL 是 CCTA（英国国家计算机局）于 1980 年开发的一套 IT 服务管理标准库。它把英国在 IT 管理方面的方法归纳起来，变成规范，为企业的 IT 部门提供一套从计划、研发、实施到运维的标准方法
页面	核格集成开发平台的页面对应前台网页，是 vix 后缀的资源文件，将会被编译为 xhtml 文件被前台访问
页面逻辑流	核格集成开发平台的页面逻辑流对应前台的 Js 方法，是 pix 后缀的资源文件，必须存在于页面逻辑中，将会被编译为 js 文件中的方法
服务装配	核格集成开发平台的服务装配是以 six 做后缀的资源文件，通过灵活的服务装配模型创建业务解决方案。Hearken™ 核格服务装配构件可以在一个构件组中连接在一起。一个构件可以被有着相同接口的另一个构件所替代。这个构件组可以根据 IT 架构需求进行调整，如服务连接、传输协议、事务、安全和消息可靠性。可供选择的传输绑定方式使开发出的解决方案可以适应更广泛的部署需求
业务流程	核格集成开发平台的业务流程是以 wpd 做后缀的资源文件，提供面向 SOA 的 WPS 工作流处理套件，可灵活开发出各种复杂的业务流程
实体	核格集成开发平台的实体是数据库表的映射文件，以 eix 做后缀，平台构件操作数据库都是通过实体实现的
数据查询文件	核格集成开发平台的数据文件中定义各类查询语句，是 mix 后缀的资源文件，将会被编译 sqlMap 文件部署
图形化	核格集成开发平台的图形化是以 cix 做后缀的资源文件，根据平台提供的各种图形示例，结合数据库的统计数据，开发各种信息化显示图表
报表	核格集成开发平台的报表采用 Excel+自主数据源设计模型，支持行列对称、动态格间运算，用于制作复杂的中国式报表

参考文献

[1] 杨芙清，梅宏. 构件化软件设计与实现[M]. 北京：清华大学出版社，2008.

[2] 邹欣. 构建之法现代软件工程[M]. 2 版. 北京：人民邮电出版社，2015.

[3] 王映辉. 构件式软件技术[M]. 北京：机械工业出版社，2012.

[4] Ivar Jacobson，Martin Griss，Patrik Jonsson. 软件复用：结构、过程和组织[M]. 韩柯，译. 北京：机械工业出版社，2003.

[5] 齐治昌，谭庆平，宁洪. 软件工程[M]. 2 版. 北京：高等教育出版社，2004.

[6] 张海藩. 软件工程导论[M]. 5 版. 北京：清华大学出版社，2008.

[7] 郭荷清. 现代软件工程：原理·方法与管理[M]. 广州：华南理工大学出版社，2004.

[8] 王洪泊. 软件构件新技术[M]. 北京：清华大学出版社，2011.

[9] 李超，罗积玉. 软件制造工程[M]. 成都：电子科技大学出版社，2005.

[10] 宋礼鹏，张建华. 软件工程：理论与实践[M]. 北京：北京理工大学出版社，2011.